나흘 만에 이루어진
한달살이
프로젝트

멋있는 제주,
맛있는 한 달

후니네 지음

**여 행 을
생각하다**

우리는 왜 여행을 떠날까? 멋진 산과 바다, 아름다운 건물, 낯선 사람들과의 만남 속에서 나를 찾는 것이 여행이다. 누군가와 같이 여행을 떠나는 것은 그 사람을 여행하는 것과 같다. '여행을 생각하다'는 여행을 통해 행복한 시간을 보내고 싶은 사람, 다음 여행을 더 잘하고 싶은 사람을 위한 이야기를 담았다.

멋있는 제주, 맛있는 한달
나흘 만에 이루어진 한달살이 프로젝트

초판 1쇄 발행 2022년 8월 31일

지은이. 후니네
펴낸이. 김태영

씽크스마트 미디어 그룹
서울특별시 마포구 토정로 222
한국출판콘텐츠센터 401호
전화. 02-323-5609

블로그. blog.naver.com/ts0651
페이스북. @official.thinksmart
인스타그램. @thinksmart.official
이메일. thinksmart@kakao.com

ISBN 978-89-6529-323-1 (13980)
© 2022 후니네

- 씽크스마트 · 더 큰 세상으로 통하는 길

'더 큰 생각으로 통하는 길' 위에서 삶의 지혜를 모아 '인문교양, 자기계발, 자녀교육, 어린이 교양 · 학습, 정치사회, 취미생활' 등 다양한 분야의 도서를 출간합니다. 바람직한 교육관을 세우고 나다움의 힘을 기르며, 세상에서 소외된 부분을 바라봅니다. 첫걸고부터 책의 완성까지 늘 시대를 읽는 기획으로 책을 만들어, 넓고 깊은 생각으로 세상을 살아 갈 수 있는 힘을 드리고자 합니다.

- 도서출판 사이다 · 사람과 사람을 이어주는 다리

사이다는 '사람과 사람을 이어주는 다리'의 줄임말로, 서로가 서로의 삶을 채워주고, 세워주는 세상을 만드는데 기여하고자 하는 씽크스마트의 임프린트입니다.

나흘 만에 이루어진
한달살이
프로젝트

멋있는 제주,
맛있는 한 달

후니네 지음

나흘 만에 이루어진 제주 한달살이 프로젝트!

2021년 5월 8일 어버이날 오후. 여동생 선훈으로부터
카톡이 왔다.

"혹시 제주도 한달살이 아는 거 있어? 숙소나 비용 같은,
혹시 아는 사람?"

나   : 한달살이는 왜? 누가 하려고? 그건 내가 하려던
       건데
선훈 : 내가 하려고. 내가 가 있으면 애들 아빠도 오고
       오빠도 오고 그럼 되지 뭐
나   : 애들 아빠도 오래 있을 수 없고 그거 혼자 있기
       힘들 텐데
선훈 : 그럼 나랑 엄마랑 같이 있고 나머지 사람들이
       일주일씩 있으면 되지 뭐
나   : 그래? 엄마랑 얘기했나?
선훈 : 아니. (코로나 시국에) 밖에 나가지도 못하시는데

　　　　가자고 하면 가실거야

나　　: ㅋㅋㅋㅋㅋㅋ 그래 그럼 내가 알아보지 주변에
　　　　제주살이 한 인간들이 좀 있으니

이렇게 어쩌다 보니 '제주 한달살이'가 시작됐다.
우선 주변에 제주살이를 경험한 사람들을 탐문했다.
그런데 생각보다 간단하지 않았다. 사람마다 제주살이의
목적이나 취향이 제각각이었고 어느 지역, 어떤 숙소가
좋다고 딱 집어 말하기 어려웠다.
일단 동생이 아흔이 가까운(당시 87세) 어머니를
모시고 한 달간 묵어야 하니 안전이 우선이다. 그리고
젊은이들처럼 천방지축 마구 나돌아 다닐 수 없으니
교통이 편한 제주시나 서귀포 시내가 좋을 듯했다.
그런데 제주까지 와서 시내 한복판에 숙소를 잡기는 좀
거시기하고, 숙소 여건도 가족이 오가며 함께 묵기에는
적당치 않았다.

그렇다면 시내에서 좀 벗어난 곳이라도 마을 사람들과
함께 지낼 수 있는 숙소를 조건으로 검색에 돌입했다.
동생이 말을 꺼낸 지 사흘 만인 5월 11일. 올레길
7~8코스가 이어지는 곳에 있는 서귀포 월평마을이
눈에 들어왔다. 공항버스 600번이 마을 앞에 바로 서고,
대중교통으로 서귀포 올레시장이 30분, 중문은 차로

5분 거리였다. 백합꽃 화훼마을로도 유명했다. 딱 좋아!
그 중에서도 감성 숙소로 알려진 한 곳이 리모델링을
마치고 손님 맞을 준비 중이라는 소식을 듣고 바로
연락했다. 이곳은 운영자 시부모가 옆에 거주하시며
게스트를 잘 챙겨 준다고 하니 어머니 모시고 여동생이
지내기는 안성맞춤이었다. 잔뜩 기대하고 문의를
보냈으나 돌아온 답은 예약이 이미 차서 10월에나
가능하다고 했다. 에고. 아쉬움이 컸다.

이번엔 가족호텔을 알아봤다. 수소문 끝에 합리적
가격과 안전하고 편리한 가족호텔로 유명한 조천읍의
S호텔에 연락을 취했으나 돌아온 답은 11월 이후에나
가능하단다. 다른 몇 곳도 사정은 마찬가지. 가족 단위
한달살이를 하려면 적어도 3~4개월 전에는 준비를 해야
한다는 사실도 그제야 알았다.

허탈한 심정으로 인터넷카페 〈제사모(제주를 사랑하는
사람들의 모임)〉를 둘러보던 중 갑자기 눈에 들어온
월평마을 〈36번가 민박〉. 게다가 6월부터 한달살이를
구한다는 공고문구! 당초 가려고 했던 월평마을에
있는 독채 민박이었다. 이건 무조건 잡아야지! 바로
문의를 넣어 예약했다. 한달살이를 받지 않던 곳인데,
에어비앤비를 통해 민박을 운영하던 주인장이 육지에

나가 있게 되어서 처음으로 한달살이 받기로 했다고
한다.
이리하여 한달살이 하자고 메시지를 주고받은 지
불과 나흘 만에 집을 구하고 6월 1일부터 제주살이에
돌입하기로 했다.

계획대로 여동생과 어머니가 제주도에 붙박이로 있기로
하고 사전 작업을 진행했다. 한달살이 이틀 전에 숙소
주인을 만나 제반 사항을 안내 받기로 했다.
차량은 렌트하거나 대중교통을 이용해 어슬렁어슬렁
다닐 생각이었으나 비용과 편의성을 고려해 막내 동생인
상훈의 차량을 배로 싣고 가기로 했다.
나, 상훈이 30일 목포에서 차를 싣고 배를 타고 제주로
먼저 떠나고, 선훈과 어머니는 1일 비행기로 합류하기로
했다.
자! 그럼 제주에서 한 번 살아 봅시다요~

프롤로그 나흘 만에 이루어진 제주 한달살이 프로젝트! • 005

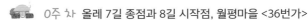

 0주 차 올레 7길 종점과 8길 시작점, 월평마을 <36번가>
(5월 29일 ~ 5월 31일) • 014

멋있는 제주, 맛있는 제주 • 022

 1주 차 제주 포구의 아름다움에 빠지다
(6월 1일 ~ 6월 6일) • 028

멋있는 제주, 맛있는 제주 • 046

2주 차 제주에서의 생활 패턴이 생기다
(6월 7일 ~ 6월 13일) • 064

멋있는 제주, 맛있는 제주 • 078

3주 차 비가 내려도 좋은 제주, 모슬포 오일장은
여자들을 들뜨게 하고

(6월 14일 ~ 6월 20일) • 088

멋있는 제주, 맛있는 제주 • 102

 4주 차 휴식이 필요한 시간, 어슬렁 거려도 좋은 제주

(6월 21일 ~ 6월 27일) • 112

멋있는 제주, 맛있는 제주 • 119

 5주 차 제비들도 떠나고, 안녕 제주 한달살이

(6월 28일 ~ 6월 30일) • 126

에필로그 월평마을 일기 그 후 • 129

멋있는 제주, 맛있는 제주 • 134

0주 차 --

올레 7길 종점과 8길 시작점, 월평마을 〈36번가〉

5월 29일 ~ 5월 31일

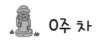

D-3 (5월 29일)

목포에서 9시에 출발하는 퀸메리호 이코노미(3등칸)로
사람 2명과 차량 1대를 예약했다. 그리고 30일 서귀포
신신호텔 천지연에 1박 예약했다. 한달살이 숙소는
30일까지 예약이 있어 우리는 31일부터 사용하기로 했기
때문이다.
어머니와 여동생의 2인 항공권 가격은 총 3만 4천4백 원.
목포-제주 퀸메리호 배 값은 1인당 3만 3천7백 원이었다.
평일에 몸만 달랑 간다면 역시 비행기가 진리이지만,
차량에 이불이며 김치, 오이지 등 온갖 살림살이를
바리바리 싸들고 갈 수 있으니 배가 마냥 비싸다고 할 수
없다.

D-2 (5월 30일)

새벽 2시에 서울에서 목포로 출발했다. 설렁설렁 달리다
보니 5시 30분 목포에 도착했다. 탑승시간까지 여유가
있어 유달산 공원을 한 바퀴 돌며 새벽 목포 전경을
감상했다. 7시에 퀸메리호에 차를 싣고 7시 30분에
탑승구 쪽서 대기했다. 8시 10분에 승선이 시작되었다.
차량은 만선인데 사람은 많지 않아 널찍한 3등칸서 한
시간 가량 잤다. 배 내부 환경도 비교적 쾌적한 편이었고
갑판에 올라 창가 안쪽 자리에서 간식도 먹을 수 있어
좋았다. 4시간 10분이 걸려 오후 1시 10분 제주항에
도착했다.
제주도에 도착 후 제주항 근처 산지천 옆 밥집

'곤밥2'로 향했다. 2시경 도착했는데 앞에 대기 인원이
6명이나 있었다. 30분쯤 대기 후 가게에 들어갔다.
정식을 시켰는데 나온 음식을 보니 입이 떡 벌어졌다.
생선(옥두어로 보임) 튀긴 것이 무려 3마리, 두루치기는
한 접시 가득! 얼갈이 된장국은 어찌나 맛있는지…….
밑반찬도 맛깔났다. 먹는 내내 감탄 연발이었다. 놀라운
것은 정식의 가격이 8천원이라는 것이다. 첫 끼니부터
감동의 연속이다. 제주 사람들도 줄서서 먹을 만 한
밥집이었다.

점심을 먹고 한 시간을 달려 '오름의 여왕'이라는
다랑쉬오름으로 갔다. 오름 정상서 보는 제주 풍광은
말 그대로 환상적이었다. 호텔에 짐을 풀고, 서귀포
올레시장을 들린 후 근처 유원식당서 맛난 고기국수로
저녁을 먹었다. 내가 서귀포에 올 때 혼밥하러 오던
곳인데 소와 돼지 뼈로 육수를 낸 고기 국수 국물은
잡내가 없고 구수하며 느끼하지 않아 담백한 맛이
일품이다. 김치찌개 맛집으로도 유명하다. 주인장
아지매도 김치찌개, 동태찌개는 자신 있다고 한다.
다음날 월평 36번가서 주인장을 만나기로 했다. 집의
컨디션은 어떨지 궁금하다.

D-1 (5월 31일)
- - - - - - - - - - - - -

새벽에 일어나 빈둥거리다 아침 산책으로
칠십리시공원에 갔다. 공원의 천지연폭포 전망대는 언제
봐도 장관이다! 새섬 전망대도 새로워 보였다. 돌아오는
길에 하영올레길에서 새로운 계곡 길을 발견했다.
칠십리시공원에서 샛길로 이어진 길을 따라 걸으니
걸매공원으로 이어지는 숨겨진 오솔길이 있었다.

호텔로 돌아와 서귀포 올레시장 제일떡집에서 전날 사온 오메기떡으로 아침을 먹었다. 원래 예정대로면 31일에 월평마을 36번가로 입주해야 하지만 주인장 사정으로 1일에 입주하기로 했다. 따라서 호텔서 하루 더 있어야 한다. 연박 신청 후 36번가의 집 컨디션을 점검했다. 생각보다 숙소 상태가 훌륭했다. 마을도 조용하고, 주변 환경도 좋아 성공적(?)인 한달살기가 될 것 같다.

미팅 후 〈포도뮤지엄〉에서 '너와 내가 만드는 세상'을 관람했다. '혐오 없는 세상을 꿈꾼다'는 주제였는데, 내용이 좋았다. 특히 뮤지엄이 단아한 모습의 건축물이어서 아주 인상 깊은 곳이었다. 근처에 오래전부터 가보고 싶었던 방주교회가 있어 서둘러 방문했다. 제주를 사랑한 세계적 건축가 '이타미 준'의 영혼이 깃든 건축물이다. 예배당을 개방해 놓고 있어 들어가 앉으니 감동이 밀려오며 울컥했다. 뒷자리에 나이 드신 여성분들은 눈물을 보이기도 했다.

점심은 산방산을 바라보는 식당 〈식과 함께〉에서
9,900원 갈치정식과 성게미역국으로 맛있게 먹었다.
가성비 맛집으로 소문난 곳인데, 주인과 직원이
친절하고 음식 맛도 좋아 추천할만한 식당이다.

아침 산책으로 피곤이 쌓였는지 몸 상태가 안 좋아
호텔로 돌아와 휴식했다. 푹 쉬고 나서 월평마을로 다시
건너가 월평포구를 둘러보며 주변 여건을 점검했다.
숙소가 올레7길 종점과 올레8길 시작점이 이어지는
아왜낭목 바로 건너편에 있어서 7길과 8길을 지켜보는
위치다. 제주 돌담으로 둘러싸인 집은 제주 전통식
집으로 안거리와 밖거리로 되어있고 앞에는 넓은

마당이, 뒤에는 귤밭이 있다. 길가에서 안쪽으로 들어간 끝 집이어서 더 포근한 느낌이 든다. 마을도 좋고 한 달 동안 묵을 숙소도 아주 마음에 든다.

저녁은 편안한 마음으로 전날 고기국수를 먹은 유원식당에 가서 아지매가 자신있어하는 김치찌개를 먹어보기로 했다. 아, 이것도 감동적이다. 좋은 돼지고기에서 우러난 구수한 김치찌개 국물이 일품이었다. 3인분 같은 2인분을 둘이서 뚝딱! 해치웠다.

이제 내일부터 한달살이 시작이다.

0주 차

멋있는 제주, 맛있는 제주

포도뮤지엄

이타미 준의 아름다운 건축으로 유명한 포도호텔 옆에
〈포도뮤지엄〉이 있다. 내가 방문했을 때는 '너와 내가
만드는 세상 - 혐오 없는 세상을 꿈꾼다'는 주제의
전시가 진행되었다. 다양성을 존중하고 서로의 생각을
공유하는 열린 문화공간이라는 뮤지엄의 모토와 잘 맞는
전시였다. 전시 기획과 내용도 좋았지만 뮤지엄 자체의
단아한 공간도 개인적으로는 아주 인상 깊은 곳이었다.

방주교회

제주를 사랑한 세계적인 건축가 이타미 준의 작품.
노아의 방주에서 모티브를 따온 이 건축물은 주변
풍광과 어우러져 한 폭의 풍경화를 보는 느낌이다. 물
위에 떠 있는 듯한 교회 안으로 들어서면 자연 채광으로
감싸 안은 예배당이 포근하다. 예배당에 앉아 가만히
눈을 감으면 마음에 평화가 깃드는 곳이다.

식(食)과함께

서귀포 안덕 산방산이 보이는 곳에 자리한 9,900원
갈치정식 식당! 갈치의 크기는 작지만 먹을 만한 크기로
맛있게 튀겨져 맛깔난 밑반찬들과 함께 정갈하게 나오는

집이다. 성게미역국 정식도 9,900원인데 미역국에
성게가 꽤 많이 보인다. 부드럽게 넘어가는 성게 맛이
일품이다. 갈치정식에도 미역국이 조금 나오는데
여기에는 성게가 보이지 않는다. (당연하지!)
산방산 일대에는 맛집도 많이 있고 9,900원을 내세운
밥집들도 종종 보인다. 그중에서도 〈식과함께〉에
사람들이 몰려드는 것은 널찍하게 잘 정돈된 식당과
주인장의 친절함 때문으로 보인다. 만 원의 행복을 느낄
수 있는 식당이다.

유원식당

서귀포 올레시장 앞 아랑조을거리에 있는 〈유원식당〉.

그야말로 동네 밥집이다. 이른 아침 시간에는 택시 기사들이, 저녁에는 동네 주당들이 모이는 푸근한 식당이다. 혼밥하러 들어가 고기국수를 시켰다. 국수에 얹힌 고기의 때깔이 예사롭지 않다. 담백한 고기 국물에 넉넉한 고기 인심. 잡내 없고 구수하며 느끼하지 않아 담백한 맛이 일품이다. 김치찌개 맛집으로도 유명하다. "다음에는 뭘 먹을까요?"라고 물었더니 주인장 왈, "김치찌개, 동태찌개는 자신 있지."
며칠 뒤 동생과 함께 방문해 김치찌개를 먹었다. 인심 좋게 3인분 같은 2인분을 내왔다. 국물을 한 숟가락 뜨는 순간 아지매의 자신감에 고개가 끄덕여졌다. 맛의 비결이 뭐냐고 물으니 아주 쿨하게 "고기를 좋은 거 쓰니 그렇지!"라고 답했다.
이렇게 맛있는 고기국수와 김치찌개, 동태찌개가 7천 원! 외관은 허름하지만 맛은 탄탄한 집이다.

1주 차

제주 포구의
아름다움에 빠지다

6월 1일 ~ 6월 6일

하루 (6월 1일)
- - - - - - - - - -

어머니와 선훈이 합류했다, 서귀포 월평마을 36번가에서
제주 한달살이 돌입하는 날이다.
새벽에 상훈과 함께 칠십리시공원 산책으로 하루를
시작했다. 올레시장표 빵으로 아침을 해결한 후 일정을
진행했다. 대평포구 박수기정서 그림 같은 주상절리를
바라보며 몰질(말길)을 따라 올라 드넓은 평원을 바라보고
내려왔다. 차귀도 가는 자구내 포구로 방향을 잡아
달리다 추사 김정희의 유배지가 보여 방향을 틀어
〈추사관〉과 유배지를 재현해 놓은 안거리와 밖거리,
모거리 등을 관람했다. 당초 계획했던 자구내포구행을
곽지해수욕장행으로 바꿔, 한담해안도로에서 해안
풍경과 북적이는 젊은이들의 모습을 눈에 담으며
제주공항으로 갔다.

오후 5시 조금 넘어 어머니와 여동생을 픽업했다.
마치 해외공항에서 합류한 듯 들뜬 표정으로 차에

올라 즐겁게 서귀포로 갔다. 이중섭거리 앞 〈안거리 밖거리〉서 가성비 좋은 풍성한 저녁을 먹고 올레시장서 오메기떡과 과일을 간단히 챙긴 후 숙소로 돌아왔다.

육중하게(?) 채워진 〈36번가〉 현관의 자물쇠를 열고 들어서니 깔끔하게 정돈된 실내가 푸근하게 느껴졌다. 한달살이 할 짐을 풀고, 이것저것 정리하다 보니 어느덧 10시를 훌쩍 넘겨 각자 방에서 휴식했다. 내일은 동네 파악을 하고, 근처 마트에 들러 필요한 물자를 조달하기로 했다. 왠지 집이 낯설지 않고 친근한 느낌이 들어 좋다.

이틀 (6월 2일)

구름이 약간 낀 걷기 좋은 날씨다. 아침은 어제 사온 올레매일시장 제일떡집의 오메기떡과 제주우유로 현지식을 즐겼다. 동네 산책하며 마을 동태를 파악한 후 한달살이 식량 비축을 위해 서귀포혁신도시 월드컵경기장 앞 이마트에서 장을 보기로 했다. 우선 세탁기를 돌려놓고(이런 건 어머니와 여동생이 있으니 가능한 일) 가볍게 산책 후 다시 집으로 돌아와 빨래 널기 작업을 마쳐도 10시가 안 되었다. 시간적 여유가 있어 근처

약천사를 둘러봤다. 국내 최대 규모 법당이자 바위 굴 속에 지어진 굴법당이다. 오백나한전 등 천천히 한 바퀴 돌아 본 후 여유롭게 이마트로 향했다.

간단히 장을 보러갔으나 대부분 장보기가 그렇듯이 창대한(?) 장보기로 전환되었다. 각종 식량을 챙겼으니 인근 딱새우장 정식집으로 배를 채우러 갔다. 그러나 당분간 쉰다는 안내문이 붙어있었다.

급하게 전날 아침 산책 후 돌아보며 얼핏 눈여겨봐둔 손두부집의 햇고사리 육개장이 생각나 신신호텔 인근에 있는 손두부집으로 향했다.

동네 사람들로 식당 안은 이미 만석이었다.

역시 동네 맛집이었다. 잠시 대기 후 자리 잡고 고사리육개장(닭육개장) 1인분과 고사리제육 2인분, 매운 순두부 1인분, 톳 솥밥과 곤드래 솥밥을 주문했다. 앞서 나온 밑반찬이 고등어조림, 돼지머리고기, 노각무침 등 이미 한 상 가득하다.

고사리 육개장과 제육볶음을 입에 넣는 순간. 네 명의 입가에 미소가 피었다. 입 안 가득 번지는 햇고사리향이 압권이다. 고사리육개장의 놀라운 풍미는 당분간 두고두고 생각 날 듯하다.

숙소로 돌아와 장봐온 식량을 정리하고 저녁은 집에서 돼지김치찌개를 먹었다. 한달살이 동안 아무것도 해먹지 않겠다는 여동생의 선언은 하루 만에 무산된 셈이다.

주부 경력 60년, 30년 되신 분들이 있는데 어찌 밥을
해먹지 않을 수 있겠는가?

저녁 식사 후 월평 포구 일몰을 감상하러 나섰다. 흐린
날씨 탓에 붉은 해가 툭! 떨어지는 것은 못 봤지만 붉게
물들어가는 주변 경관만으로도 탄성이 저절로 나왔다.
작지만 아름다운 월평포구가 다시 한 번
사랑스러워진다.

사흘 (6월 3일)

오전 6시 무렵 일어났다. 어젯밤부터 비바람이 불더니
월평마을도 흠뻑 젖은 아침을 선사했다. 비바람이
심하면 박물관 기행으로 방향을 잡고,
왈종미술관 - 김영갑갤러리, 기당미술관 등을 방문하기로
했으나 비가 잦아들면서 그칠듯하여 성읍녹차마을서
녹차지평선과 녹차 동굴을 보기로 하고 집을 나섰다.
표선방향으로 가는 도중 오락가락하던 비바람이 녹차
마을에 도착하자 안개비를 강하게 뿌리는 형국으로
바뀌었다. 첨벙첨벙 고인 물을 헤치고 녹차밭에서
인증사진을 찍고 입구에 있는 카페 〈오늘은〉에서 창밖을
통해 드넓은 녹차밭 전경을 감상했다.

다른 손님 한 명 없는 이층 카페에서 말차밀크티, 호지밀크티 한 잔과 함께 비오는 녹차밭을 바라보는 호사를 누렸으나 이것도 잠시, 밀려드는 관광객들에게 자리를 내주고 성읍 민속마을을 차창 밖으로 바라보며, 〈김영갑갤러리 두모악〉으로 향했다. 폐교를 갤러리로 개조한 이곳은 작고한 사진가 김영갑의 사진 전시관도 볼만하지만, 정원처럼 꾸며진 바깥 풍광도 아름다워 방문객들이 끊이지 않고 있다.

아름다운 갤러리 관람을 마치고 두루치기로 유명한 〈가시식당〉서 점심을 먹었다. 두루치기 2인분, 몸국 2인분. 두루치기는 돼지고기에 콩나물, 파채, 무생채를 한꺼번에 볶아 맛이 없을 수 없는 조리방식이었다. 몸국은 내가 먹어 본 다른 제주 지역 몸국과는 다소 스타일이 달라 살짝 당황했다. 순댓국에 모자반이 잔뜩 들어가 있다. 이게 원래 제주 스타일인가? 제주시내의 몸국은 국물이 이곳보다는 다소 맑았던 듯한데. 어쨌든 같이 간 동생들은 맛있다고 한 그릇씩 뚝딱 해치웠다.

제주식 돼지고기 점심으로 배를 불려도 여전히 부슬비가 내리고 있어 비가 많이 오는 날만 볼 수 있다는 엉또폭포를 가보기로 했다. 역시나 사람들로 북적였다. 평상시에는 마른 절벽을 보이다가 비가 오면 폭포수를

흘러내린다는 엉또폭포를 보겠다는 기대를 안고 수국이
피어있는 데크길을 따라 폭포 앞으로 향했다.
이 정도 비로는 어림도 없다는 듯, 폭포는커녕 절벽은
물기만 촉촉한 모습으로 우뚝! 버티고 있었다. 폭포는 못
봤지만 많은 양의 비가 오면 어떤 장관을 보여줄지
충분히 상상이 가능했다. 폭우가 내리면 꼭 다시
찾으리라 다짐하며 숙소로 돌아왔다.

나흘 (6월 4일)

새벽까지 빗소리가 들리더니 아침이 되자 청명한 날씨를 연출했다. 전날 예약해 놓은 환상숲 곶자왈 탐방에 나섰다. 곶자왈해설＋족욕 패키지로 예약했다. 숙소에서 30분 거리에 있는 제주시 한경면 환상숲 곶자왈에 8시 50분에 도착했다. 다른 가족 한 팀과 제주 곶자왈에 대한 설명을 들으며 40분 정도 숲을 산책했다.

곶자왈. 제주말로 곶은 숲, 자왈은 가시덩굴을 뜻한다. 가시덩굴이 무성한 숲인 곶자왈은 버려진 땅이었으나 지금은 각종 희귀식물이 존재하는 보물같은 땅으로 변했다. 제주의 속살을 제대로 들여다본 것 같았다. 재밌는 해설과 함께 숲 탐방을 마친 후 환상숲 안에 있는 족욕 카페에서 나란히 앉아 발의 피로를 풀어주니 다음 발걸음이 한결 가벼워진 느낌이었다.

환상숲 해설로 학습한 제주 곶자왈의 심화(?) 학습을 위해(사실은 점심 먹기까지 시간이 좀 남아서) 인근에 있는 제주 도립 곶자왈공원을 둘러보기로 했다. 어머니의 체력을 고려해 왕복 한 시간 거리인 전망대까지만 탐방했다.

이날 점심은 당초 대정읍에 있는 40년이 넘은 노포식당서 밀면, 수육, 몸국 등을 맛볼 생각이었으나 전날 저녁 제주 지역 채널서 대정읍의 보말죽과

보말칼국수 식당을 소개하는 바람에 식당을 급변경했다.
방송에 소개된 〈보말과 풍경〉 식당에 도착하니 다들
'풍경정식'을 먹고 있어 당초 먹기로 했던 보말칼국수를
정식으로 변경하고 보말죽을 함께 주문했다. 우럭
조림과 수육, 냉국이 나오는 정식은 제주서 발견한 또
다른 맛집 메뉴이다. 보말죽도 당연히 훌륭했다.

점심을 먹고 차귀도 앞 자구내포구를 들렀다. 수월봉과
차귀도, 신창풍차해안도로 풍경이 한눈에 들어왔다.
제주에서는 보기 드문 오징어 말리는 모습과 포구의
풍경이 오버랩되면서 색다른 풍광을 연출해 내고

있었다. 하늘까지 활짝 열려있는 그림 같은 풍광을 넋
놓고 바라봤다.

돌아오는 길에 박수기정이 있는 대평포구의 아름다운
모습도 눈에 담았다. 대평포구도 마침 파란 하늘에 엷게
깔린 구름이 연출해 내는 풍광을 보여줘 제주의 하늘이
연출하는 장관에 종일 탄성을 지른 하루였다.

잠시 휴식 후 월평마을서 젊은 요리사 부부가 운영하는
양식당 〈커뮤니테이블〉로 어슬렁어슬렁 걸어가
제주돼지고기와 고등어로 연출한 파스타를 맛나게 먹고,
천지연 폭포 밤 풍경을 둘러본 후 일정을 마무리했다.

닷새 (6월 5일)

차를 가지고 목포서 같이 내려온 남동생은 일단 서울로
올라가고 10일에 다시 내려와 백신 맞으러 올라가는
나와 임무 교대하기로 했다. 아침 7시 비행기에
맞추려고 5시에 숙소를 출발하니 공항에 45분 만에
도착했다. 동생을 내려주고 고사리육개장으로 유명한
우진해장국에 도착해 조금 기다리면 문을 열겠거니
생각했는데, 벌써 식사 중인 사람이 식당에 그득하다.
포장 주문을 마치자마자 몰려드는 사람들로 금세 대기
인원이 3~4팀 생겼다. 포장해 온 고사리 해장국으로
맛난 아침 식사 후 안락의자서 졸고, 현관 캠핑의자서
일광욕하면서 한가로운 오전을 보냈다. 이런 게
힐링이지.

빵으로 간단히 점심 요기를 한 후 정방폭포를 지나
아직은 덜 알려진 숨은 제주의 비경 중 하나인 소천지를
보러 나섰다. 정방폭포도 살짝 관람한 후 왈종미술관도
둘러보았다. 서귀포살이 풍경을 담은 화풍이 정겹고
화려해 많은 사람의 사랑을 받고 있지만, 옥상
전망대에서 보는 경치도 그림만큼 훌륭했다.
늦은 점심으로 보목포구 〈김부자식당〉을 찾았다.
담백하고 칼칼한 최고의 갈칫국! 한치물회도 가성비가

좋았다. 갈칫국은 처음 먹어보는데 음식을 심하게
가리시는 어머니도 드시는 숟가락을 쉬 멈추지
못하셨다. 물회도 다른 곳에서는 2인분 정도 되는
양을 내주어 다시 한 번 놀랐다. 맛과 양 모두 훌륭한
식당이었다.

보목항은 젊은 스킨스쿠버들이 모이는 곳인 듯했다.
제주 포구라기보다는 속초나 양양의 바닷가에 가까운
모습이었다.

저녁 7시쯤 이번에는 월평포구 일몰을 볼 수 있을까
하는 기대를 안고 포구산책에 나섰다. 역시나 구름 속에
감춰진 붉은 기운만 보였다. 아쉽지만 다음을 기약했다.

엿새 (6월 6일)

오늘은 살아계시면 구순을 맞이하시는 아버지 생신.
생신날이면 전 주나 그다음 주쯤 이천 호국원을
찾았으나, 이번에는 제주 사찰을 찾아 아버지 생신을
함께 기리기로 하고 돈내코를 지나 한라산 쪽으로
올라가는 곳에 있는 선덕사를 찾았다. 19세기에 지은
절이기는 하지만 사찰 증축은 오래되지 않은 듯하다.
한라산이 손에 잡힐 듯 우뚝 솟아 사찰을 에워싸고 있다.
선덕사 대적광전 위에는 무량수전 지붕이 한층 더 있는

특이한 구조이다. 사찰 입구에서 만난 해설사가
대적광전과 삼신각을 안내하며 자세히 설명해 주어
뜻밖에 사찰투어를 하게 됐다.

선덕사를 나와 제주도 해안 풍경 중 손가락에 꼽을
수 있을 정도의 아름다운 해안 산책길이 있는
남원큰엉해안경승지를 걸어보기로 했다. 올레 5길에
있는 산책길은 금호리조트 앞쪽으로 이어져 있다. 나무
터널에서 바다로 이어지는 길에 한반도 모양의 빛이

비치는 포토존이 가장 인기였는데 다행히 사람이 많지
않아 우리도 여기서 한 컷 찍었다.

점심은 남원읍 식당 〈밥통〉서 갱이죽과 밥통미역국을
먹었다. 구수한 갱이죽과 보말, 거북손이 아낌없이
들어간 미역국으로 배부른 한 끼를 먹었다. 돌아오는
길에 사흘 전 비오던 날 입구에서 잠깐 돌아보고
발걸음을 돌렸던 성읍 녹차마을을 찾아 광대한 녹차밭을
제대로 둘러보고, 요즘 동굴 촬영 포인트로 떠오르고
있는 녹차 동굴서도 한 컷!

숙소로 돌아와 휴식 후 혼자서 월평포구에서 일몰을
감상했다. 흐린 날씨 탓에 두 차례 실패했으나 오늘은
구름이 걷혀 드디어 일몰 감상에 성공했다. 일몰 시간
30~40분 전에 대기하고 있어야 제대로 일몰을 감상할 수
있을 듯하다.

멋있는 제주, 맛있는 제주

월평마을

제주 한달살이를 하면서 지낸 서귀포 마을이다. 이
마을의 〈36번가〉 농가 민박 독채에서 지냈다. 강정마을
옆 마을이고, 중문관광단지가 차로 5분 거리이다.
공항으로 직행하는 600번 버스가 지나고, 서귀포 시내로
가는 버스가 있어 차 없이도 지낼 만한 곳이다.
월평마을은 올레 7길 종점과 8길 시작점이 교차하는
곳이도 하다. 마을 앞 아왜낭목 정류장 앞에 스탬프를
찍는 곳이 있다. 앞으로는 바다가 보이고 뒤로는
한라산이 보이는 곳이다. 월평마을 동네 정류장 앞에는
올레길을 걷는 사람들 사이에서 7코스 종점으로 유명한
송이슈퍼가 있고 그 대각선 맞은편에는 돼지
연탄구이집으로 이름난 〈올레칠돈〉이 있다.
마을 안쪽은 조용하고 평화롭다. 백합 재배로 유명한
화훼마을이지만 요즘은 백합 농사를 많이 하지 않는다고
한다. 귤 농사를 많이 하는 알부자 마을이라고 한다.

마을서 바닷가 쪽 올레길을 따라가면 제주에 가장 작은
포구인 월평포구를 만날 수 있다. 중문 쪽으로 걸어가면
우리나라에서 가장 큰
법당을 가지고 있는
약천사도 있다. 길가
돌담에 다육이 꽃장식이
되어있는 예쁜 마을이다.

칠십리시공원

서귀포 천지연폭포와 올레길로 이어져있어
올레꾼들에게는 알려진 곳이기는 하지만 제주 관광을
가는 사람들은 잘 가지 않는 곳이다. 내가 서귀포에 가면
아침 산책을 가는 곳이기도 하다. 이 공원은 아름답기도
하지만 곳곳에 육지에서는 잘 볼 수 없는 제주만의
나무들이 있고 조형 미술품들도 많아 넓은 예술 정원을
걷는 느낌이다. 〈작가의 산책길〉 구간이기도 하다.
천지연폭포 전망대에서 보는 폭포 풍경은 입장료를
내고 들어가서 보는 것보다 더 좋다. 한라산을 배경으로
내려다보이는 천지연 폭포는 액자에 담긴 풍경화 같다.
새섬 전망대 풍경도 서귀포항과 어우러져 아름답다.
공원에 그라운드골프장이 있어 중장년층 지역 주민들이
재밌게 경기를 하는 모습도 보기 좋다.

그라운드골프라는 것도 여기서 처음 알았는데 게이트볼
보다는 좀 더 골프에 가깝다고 한다. 서귀포 천지연
근처에 숙소를 정하면 칠십리시공원으로의 아침 산책을
적극 추천한다.

월평포구

월평포구는 제주에서 가장 작은 포구로 알려져 있다.
작은 고깃배 4~5척이 들어서면 가득 차는 이 포구는
노을이 아름답다. 달을 품은 작고 아름다운 포구라고도
한다. 또한 숨은 스노클링 포인트이기도 하다. 나는 이
포구가 너무 사랑스러워 한달살이를 하는 동안 저녁
무렵이면 늘 이곳으로 산책을 나왔다. 포구의 저녁
하늘에 펼쳐지는 노을빛 향연을 만끽했다. 포구에서
바라보면 대포포구, 중문, 대평포구, 그리고 그 너머로

산방산까지 보이고 저녁 해넘이 때가 되면 해가 바다에
닿아 하늘이 붉게 물드는 장관을 볼 수 있다.
월평마을에서 바다 풍경을 바라보며 포구로 향하는 길도
아름답다. 야자수가 높게 뻗어 올라간 풀밭에 누렁소
가족이 한가롭게 풀을 뜯고 있고 그 옆 바닷가 절벽을
따라 걷는다. 한라산과 해안절벽이 만드는 절경이
함께하는 길은 제주의 숨은 해안경승지로 꼽을 만하다.

손두부집 : 일미(一味) 손두부전문점
이 집은 그야말로 발견이었다. 한달살이 며칠 전에
내려와 묵고 있었던 신신호텔 천지연 건너편 뒷골목에
있는 손두부집이다. 매번 무심코 지나치다 '햇고사리

육개장' 개시라고 써 붙여진 것을 보고 제대로 된 제주 고사리 맛을 볼 수 있겠다고 생각했다. 마침 가려던 식당이 휴무일이어서 이 집으로 발걸음을 돌렸다. 식당은 이미 만석. 앞에 두 팀 대기. 대부분 이 지역 분들인 것을 보니 동네 맛집인 듯하다.

4명이 햇고사리육계장(닭육개장이어서 육계장이라고 쓰여있음), 고등어구이, 고사리 제육볶음 2인분을 시켰다. 시킨 음식이 나오기 전에 이미 돼지고기, 생선 등 각종 밑반찬으로 상이 가득찼다. 육개장을 한술 뜨니 엄청난 고사리의 풍미가 느껴졌다.

고사리 제육을 입에 넣으니 아삭한 고사리의 식감과 부드러운 돼지고기가 어우러져 그 맛이 일품이다. 제주 햇고사리의 맛을 제대로 느꼈다.

두부 전문점답게 밑반찬으로 나온 두부도 꿀맛! 모든 음식에서 주인장의 엄청난 손맛을 느낄 수 있었다. 음식을 나르는 젊고 친절한 여직원(주인장 딸인 듯)에게

고사리가 엄청 맛있다고 했더니 하는 말, "저 그 고사리 따느라 엄청 고생했어요~"

성읍 녹차밭 & 녹차동굴

제주 녹차밭이라고 하면 오설록을 먼저 떠올리고, 그곳을 가장 많이 간다. 성읍 녹차마을은 비교적 덜 알려진 곳이면서도 광활하게 펼쳐진 녹차밭이 아름다운 곳이다. 서귀포 표선면에 있고 정확한 명칭은 성읍녹차마을 영농조합법인이다. 이곳은 최근 동굴 촬영지로 인기를 끄는 곳이기도 하다. 드넓은 녹차밭을 따라 올라가 언덕 위 숲 아래쪽으로 내려가는 길을 따라가면 동굴이 나타난다. 여기가 사진 스팟이다. 녹차밭 입구에는 녹차 음료와 케이크 등을 먹으며 넓은 녹차밭을 볼 수 있는 카페가 있다. 1층에는 족욕 시설도 있다. 이곳을 두 번 방문했는데 첫 방문 때 비가 내려

카페에서 전망을 바라보고 왔고, 얼마 후 날이 좋을
때 방문해 녹차 동굴까지 다녀왔다. 아직은 덜 알려져
비교적 여유롭게 녹차밭과 동굴을 둘러볼 수 있었다.

가시식당

두루치기로 유명한 〈가시식당〉. 표선면 가시리에
있는 식당이다. 두루치기는 돼지고기에 콩나물, 파채,
무생채를 한꺼번에 볶은 음식이다. 맛이 없을 수 없는
조리방식이다. 이걸 상추에 싸서 우걱우걱 먹어주니 그
맛은 말해 뭐하겠는가!
몸국은 내가 먹어 본 다른 제주 지역 몸국과는 스타일이
달라 살짝 당황했다. 일반적인 제주 몸국은 국물이

맑은데, 이곳은 순댓국에 모자반이 잔뜩 들어가 있었다.
어쨌든 같이 간 동생들과 맛있게 한 그릇씩 뚝딱
해치웠다.

환상숲곶자왈공원

〈환상숲곶자왈공원〉은 제주도에 가면 여기는 무조건
가보는 것을 추천한다. 제주시 한경면에 있고 개인이
운영하는 곶자왈이다. 곶자왈은 '곶'이 숲이고 '자왈'이
가시덤블이니 가시덤블 숲이라는 뜻이다. 아무도 관심을
주지 않았던 땅을 개인이 공원화한 것이다. 입장료는
5,000원이다. 여기보다 더 넓고 입장료도 훨씬 싼
도립곶자왈공원도 있는데 굳이 이곳을 소개하는 것은
이곳에서 40분 동안 해설을 들으며 공원을 한 바퀴
돌고 나면 곶자왈에 대해 어느정도 이해 할 수 있고,
배운 지식을 바탕으로 다른 곶자왈을 가면 제주의
원시림을 바라보는
눈이 트이기 때문이다.
환상숲곶자왈공원에는
이곳을 가꾼 주인장의
이야기도 담겨 있고,
숲에 대한 열정이 가득한
해설사가 있어 거금(?)

5,000원의 입장료가 아깝지 않은 곳이다. 여기서
선행학습(?)을 마친 뒤에 도립 곶자왈공원도 꼭 가보길
바란다.

엉또폭포

서귀포 신시가지 월산마을에서 한라산 쪽으로 1km 정도
올라가면 있는 악근천 상류에 있다. 감귤 과수원이 있는
좁은 도로를 지나가면 주차장이 있고 폭포로 올라가는
길이 나온다. 평소에는 폭포에 물이 떨어지는 것을 볼

수 없고 기암절벽이 난대림에 둘러싸여 있는 경관을
볼 수 있다. 장마철이나 70mm 이상 많은 비가 내려야
기암절벽 위에서 쏟아져 내리는 폭포수를 볼 수 있다.
우리는 비가 어지간히 내렸다고 생각되는 날 두 차례
방문했으나 물기 젖은 절벽을 마주하고 발걸음을 돌려야
했다. 그리고 이틀 연이어 많은 비가 내린 날 드디어
엄청난 장관을 마주할 수 있었다. 비가 많이 오는 날
서귀포에 있다면 지금 주저하지 말고 엉또폭포로 가자!

보말과 풍경
원래는 대정읍에 있는 노포식당서 밀면, 수육, 몸국
등을 맛볼 예정이었으나 생각지 않았던 이 집을 찾게 된
것은 방문 전날 저녁 제주 지역 채널을 보고 나서였다.
어머니를 모시고 보말죽을 먹어야겠다고 생각하고
있던 참에 대정읍에서 보말죽과 보말칼국수를 잘하는
집이라고 이 식당을 소개하는 바람에 방문키로 한
식당을 급하게 변경했다.
방송에 소개된 〈보말과 풍경〉 식당에 도착하니 대부분
지역 사람들 같은데 보말죽, 칼국수가 아닌 '풍경정식'을
먹고 있는 것 아닌가? 그래서 풍경정식과 보말죽을
주문했다. 정식에는 우럭 조림과 수육, 냉국이 나오는데,
과연 지역 맛집이라 할 수 있는 맛이었다. 보말죽도

당연히 훌륭했다.

자구내포구

제주에서 가장 다양한 표정을 가지고 있는 포구이다.
제주의 서쪽 끝에 자리하고 있는데 건너편으로
차귀도가 보이고, 옆으로는 수월봉이 우뚝 솟아있으며
세계지질공원으로 지정된 지오트레일이 이어져 있다.
포구에는 이곳에서 준치라고 불리는 오징어를 말리고
있는 풍경을 볼 수 있다. 또 포구 건너편 멀리로는 신창
풍차해안도로가 보인다. 포구에는 돌고래 관광선과 소형
잠수정도 정박해 있다.
이 포구의 모습을 뭐라고 딱 꼬집어 말하기 힘들다. 제주
한달살이 동안 세 차례 방문했는데 갈 때마다 달라지는

풍광에 매번 감탄했기 때문이다. 포구 자체보다는
포구를 둘러싼 여러 풍경이 숨이 막히도록 아름다운
곳이다.

커뮤니테이블
젊은 남녀 요리사의 손맛이 아주 좋은 월평마을의
맛있는 양식당이다. 특히 이 집의 대표 메뉴인 '바다의
계절'이 좋다. 생선과 대파 크림 소스가 어우러진
파스타인데 생선은 그날 그날 장을 보면서 고른다고
한다. 밥 먹고 나오면서 내일 생선은 뭐냐고 물었더니

"요즘 고등어가 제일 좋기는 한데, 내일 가 봐야 하는데요~"라고 한다. 난 고등어가 올라간 것 두 번, 전갱이가 올라간 것 한 번을 먹었다. '돼지안심 멜젓오일파스타'는 돼지안심수비드, 멜젓 소스로 맛을 낸 제주식 엔초비 파스타이다. 수비드 요리라 돼지 안심이 입에서 스르르 녹듯이 씹히면서 멜젓 특유의 맛이 곁들여져 입 안을 풍요롭게 한다.
방토 치즈 스프레드 샐러드도 상큼한 맛이 좋았다. 이미 중문 근처 파스타 맛집으로 소문이 나서 5테이블(4테이블에 창가 쪽 자리) 정도 되는 공간이 예약 손님으로 가득 찬다. 근처에서 한달살이를 했던 나는 슬리퍼 신고 살살 걸어가서 예약 없는 시간에 편히 먹을 수 있어 좋았다.

소천지

〈소천지〉는 백두산 천지를 축소해 놓은 것 같다고 해서
이름 붙여진 곳이다. 아직은 널리 알려지지 않아 별다른
표지판도 없고 정방폭포에서 차로 2~3분 거리에 있는
제주대학교연수원 옆 사잇길에 누군가 손으로 적어 놓은
보일 듯 말 듯 한 '소천지' 방향 표시가 전부다. 조금만
걸어가면 바닷가를 보며 걷는 올레6길과 만나는데 그
아래쪽에 소천지가 있다. 설마하고 갔는데 정말 천지를
축소해 놓은 모양이었다. 소천지 자체도 예쁘지만
그곳에서 보는 풍광이 그림 같다. SNS에 사진 찍기 좋은

곳으로 점차 알려지면서 최근에는 사람들의 발길이
잦다고 한다.

김부자식당

남원 보목항에 있는 식당. 이
지역에서는 자리돔이 많이
잡혀 자리물회로 아주 유명한
집이다. 물회 못지않게 많이
찾는 음식은 갈치조림과
갈칫국! 우리 일행은 여기서
난생처음 갈칫국을 먹었다.
서울 토박이인 우리는 비린
생선으로 국을 끓인다는 걸
상상할 수 없다.

갈칫국과 한치물회를 주문했다. 먹음직스럽게 나온
갈칫국을 어머니가 조심스럽게 한 숟가락 드시더니
국그릇으로 가는 손이 멈추지 않으셨다. 시원 칼칼한
맛이다. 갈치살도 탱탱하고 부드럽다. 갈칫국이 이런
맛이었다니! 이어 나온 한치물회는 잘못 내어준 줄
알았다. 이게 1인분이라니! 2~3명이 나눠 먹어도 될
양이었다. 많이 알려진 식당이라 사람도 많지만 그래도
줄 서서 먹을 만한 식당이다.

밥통

남원읍에 있는 식당 〈밥통〉. 성읍 녹차마을에서
녹차밭에 들렀다 가는 길에 갱이죽을 잘하는 집이
있다고 해서 방문했다. 갱이죽은 바닷게(방게)를 갈아서
만드는 음식이다. 섭지코지 해녀의 집 같은 곳에서 먹을
수 있는 음식이다. 동네 음식점 분위기라 머뭇머뭇하며
식당에 들어섰다. 갱이죽과 밥통미역국을 주문했는데,
우려와는 달리 갱이죽은 비린 맛없이 구수해 숟가락질을
멈출 수 없었다. 미역국에는 보말과 거북손이 아낌없이
들어있어 쫄깃하게 씹히는 맛이 일품이었다. 식당
메뉴에 '아무거나'가 있는데 주인장 마음대로 주는
메뉴인 듯하다.

제주에서의
생활 패턴이 생기다

6월 7일 ~ 6월 13일

2주 차

이레 (6월 7일)
- - - - - - - - -

오늘은 찌그러진 여동생 안경을 수리하러 서귀포 이마트
근처 안경점을 가면서 숙소 근처의 〈버터롤드〉에서
버터롤 과자를 득템하기로 했다. 아침 늦게까지
빈둥거리다 11시에 버터롤드로 갔으나 오픈 시간이
12시라 문은 굳게 닫혀 있었다. 우선 안경을 먼저 고치고
점심 먹고 오는 길에 버터롤 사기로 했다. 그런데
그사이에 다 팔리는 거 아닌가? 하고 걱정이 되었다. 이
집은 일주일에 5일, 오후 12시에서 3시까지만 문을
여는데 그것도 물건이 대부분 빨리 팔려 3시 전에 문을
닫는다고 한다. 하여튼 점심 먹고 빨리 방문하기로 하고
숙소를 나섰다.
안경점에 도착하고 보니 심상치 않은 포스의 빵집과
김밥집이 떡하니 자리하고 있었다. 급히 검색해 보니
제주에서 손가락 안에 드는 빵집 〈시스터필드〉와 김밥집
〈엉클통김밥〉이었다.
안경을 고치고 빵집에 줄을 서자마자 갑자기 몰려드는

사람들. 크로와상과 함께 대표빵 몇가지를 사고 옆
김밥집서 흑돼지김밥도 두 줄 포장했다. 당초 인근
딱새우장 정식집서 점심 먹을 생각이었으나 김밥
점심으로 변경하고, 숙소로 오는 길에 버터롤도 무사히
손에 넣었다.

오늘은 먹을거리를 잔뜩 득템한 하루였다. 뜨거워진
날씨에 남은 시간은 늘어지게 휴식을 취하기로 했다.
집에서 간단히 저녁을 먹고 중문 쪽으로 드라이브 후
월평포구서 일몰 바라보며 크로와상을 곁들인 커피
타임을 가졌다.

제주 생활 일주일이 지나니 슬슬 생활 패턴이 생겼다.
오전에 일찍 일어나 간단히 아침을 각자 방식대로
먹고(어머니는 밥, 여동생은 커피, 난 빵과 커피 정도), 점심은
그날 우리가 여행하기로 한 지역의 현지인 맛집을 찾아

맛있게 먹고, 저녁은 현지 음식을 포장해 오거나 간단히
숙소에서 해결하는 방식으로 자리 잡아 간다.

여드레 (6월 8일)
- - - - - - - - - - - - - - - -

새벽 5시. 숨은 비경 선궷내를 걸었다. 약천사 건너편
계곡을 지나 바닷가로 나가는 코스인데 길을 찾기
어려워 접근하기 쉽지 않았다. 게다가 길도 제대로
열려있지 않아 계곡 옆으로 아슬아슬 지나가야 했다.
하천 물길을 따라 10분 정도 내려가면 바다와 만나는
환상적 풍광을 볼 수 있는 제주의 숨은 비경이 모습을
드러낸다.

1시간 반 정도 새벽 산책을 마치고 간단한 아침 식사 후 중문 대포 주상절리대 방문으로 하루를 시작했다. 며칠 전 방문한 대평포구 박수기정도 아름다운 주상절리이지만 중문 주상절리대는 제주의 주상절리를 대표할

만한 곳이다. 쾌청한 날씨에 주상절리 앞 요트 관광도 사람들로 북적거렸다. 중문 주상절리대에서 바라보는 한라산과 산방산 풍경도 좋았다. 주상절리 관람 후 제주의 오래된 차밭인 제주다원으로 향했다. 서귀포 전체를 한눈에 내려다보는, 전망이 최고인 곳으로 손꼽힌다.

전망 명소여서 한적하게 산책하기 좋은 장소인데, 녹차밭에 조성한 미로공원은 그렇다고 쳐도 쓸데없이 알록달록한 조형물은 눈을 어지럽히는 듯하다. 친환경적으로 차분한 환경을 조성했다면 힐링 포인트로 더욱 각광 받을 수 있지 않을까 생각한다. 산책을 마치고 근처 방주교회도 방문했다. 이타미 준의 건축 철학이 잘 반영된 아름다운 건축물은 몇 번을 방문해도

감동적이다.

일정의 마무리는 몇 번 미뤄온 〈양혜란식당〉의 딱새우장 정식을 먹어보는 것으로 했다. 12시 30분경 도착했는데 벌써 만석이다. 지역 주민 맛집답게 관광객보다는 현지인이 대부분이었다. 새우정식 2인분(1인분 1만 원)과 갈치조림 1인분(1만 2천 원)을 주문했다. 딱새우장은 말 그대로 밥도둑이었고, 갈치조림도 가성비가 좋았다. 1인분인데 갈치가 4~5토막이어서 2인분인줄 알았다. 제주살이하면서 현지 맛집을 찾아가는 재미가 쏠쏠하다. 저녁은 〈커뮤니테이블〉서 바다의 계절 파스타(전갱이)를 포장해 맛나게 먹었다.

아흐레 (6월 9일)

오늘 새벽 산책은 강정천. 강정마을 켄싱턴리조트
건너편(강정천 정류장 앞) 주차장에 차를 세워두고 강정교
오른쪽 길을 따라 3~4분정도 걸어가면 넓은 바다가
펼쳐진다. 하천을 가로질러 켄싱턴리조트 쪽 건너편
길로 가려 했으나 폭이 의외로 넓어 다시 오던 방향으로
돌아가서 리조트 가기 전 식당 옆길로 들어섰다. 이 길이
리조트로 이어져 쾌적한 산책로를 따라 걸으며 강정천
풍광을 즐길 수 있다.

아침 식사 후 한경면 환상숲 곶자왈 근처에 있는
〈생각하는 정원〉을 방문했다. 분재가 전시된 곳이라고
해서 그다지 큰 기대를 하지 않았는데, 생각보다
웅장한 규모에 놀랐고, 황무지를 개척한 농부 성범영
선생의 집념과 열정에 감탄했다. 성 선생께서는 이날도
출입구 앞쪽 나무에 올라 작업을 하다 우리 일행을 보고
인사를 하시고 나뭇가지 다듬는 작업에 몰두하셨다.
제주에 오면 한 번쯤 방문해볼 만한 훌륭한 정원이다.
둘러보면서 안내판을 보니 옛 이름이 〈분재원〉이었다고
한다. 그제서야 옛날부터 분재로 유명했던 곳이라는
기억이 새록새록 떠올랐다.
정원 산책을 마치고 신창 풍차해안도로를 거쳐 며칠 전

들렀던 자구내 포구서 간식용 준치(껍질을 벗겨 반건조한 오징어를 제주에서 부르는 말)를 사고 수월봉 지오트레일 입구로 갔다. 화산섬 제주의 탄생 비밀을 품고 있는 놀라운 장소이다. 화산재들이 쌓여 만든 지질 형태는 세계 어느 곳에서도 찾아 보기 힘든 광경이다. 수월봉 지오트레일과 차귀도가 코 앞에 보이는 해안 풍경도 아름답다.

점심은 산방산이 눈앞에 보이는 곳에 있는 〈소봉식당〉에서 먹었다. 김소봉 셰프가 운영하는 일본 가정식 가게인데 오픈 키친 앞쪽에 자리한 무쇠 밥솥 3개가 인상적이었다. 밥맛에 진심이라는 느낌이 들었다. 치킨난반과 미소카츠 정식을 주문했다. 하얀 솥밥과 장국, 절임 반찬이 모두 깔끔해서 만족스러웠다.

숙소로 돌아와 휴식 후 5시 넘어 산책 겸 걸어서 5분 거리에 있는 〈파머스커피〉에 들려 간단히 커피와 케이크를 맛본 후 내친김에 약천사까지 걸어봤다. 슬슬 걸어서 다녀오기 적당한 거리다.

서울 간 동생이 저녁 늦게 숙소에 왔다. 나는 내일 12시 비행기를 타고 서울로 올라간다.

열흘 (6월 10일)

아침 산책은 그동안 차를 타고 오가던 월평포구를
걸어서 갔다. 숲길과 아름다운 해안이 어우러진 멋진
산책길이다. 야자수를 심은 길에 소들이 풀을 뜯고 있고,
비닐하우스 옆으로 해안 절경이 펼쳐지고 건너편에는
한라산이 우뚝! 솟아 있다. 새록새록 아름다운 길들을
발견하는 재미가 있다. 걸어서 가면 숙소에서 20분
정도인데, 해안 경치를 보며 걸으니 그리 멀지 않다는
느낌이 들었다.

아침 식사 후 다같이 공항으로 갔다. 산남지역(제주에서는 한라산 남쪽 서귀포 지역을 산남, 북쪽 제주시 지역을 산북이라고함)에 머물다 보니 산북지역에는 넘어가지 않아 이참에 나를 공항에 내려주고 남은 사람들은 제주시 주변을 돌아보기로 했다.

젊은 여행객들의 사진 포인트인 도두봉 전망대와 무지개해안길을 산책하고, 제주시 가성비 최고 밥집으로 앞에 소개한 〈곤밥2〉에서 점심을 먹는 일정이었는데, 키오스크 예약을 잘못하는 바람에 한 시간쯤 대기하고 식당에 들어서는 바람에 맥빠진 점심을 먹었다고 한다. 당연히 감동도 덜할 수밖에.

사실 제주에는 지역마다 현지인들이 찾는 밥집이 많이 있어 서귀포 사람이 굳이 제주시 밥집까지 와서 줄을 서서 기다려 밥을 먹을 필요는 없다. 그리고 제주 정식에는 무조건 생선튀김이나 구이, 그리고 돼지고기가 나오기 마련이어서 육지에서 온 사람들이 처음 8~9천 원짜리 제주 정식을 대했을 때 깜짝 놀라는 경우가 많다. 하지만 제주 여러 지역 밥집을 돌아다니다 보면 숨은 맛집들을 발견할 수 있다. 〈곤밥2〉는 제주시 동문시장 쪽에 있는 맛집이고, 〈양혜란〉은 서귀포의 가성비 맛집, 〈보말과 풍경〉은 대정읍에 있는 제주 정식집이다.

맛있는 밥집을 찾아가는 것도 여행의 재미다. 여행 중 우연히 들른 밥집에서 감동적 한 상 차림을 마주하게 되면 그보다 큰 행복이 어디 있겠는가?

제주시에 온 김에 어머니와 선훈이 애정하는 동문시장 진아떡집은 꼭 들려야겠지. 줄서서 오메기떡을 사고, 딱새우버터구이도 맛보면서 시장 구경을 마치고 돌아오는 길에 이마트에서 장보고, 집으로 돌아오니 비가 주룩주룩 내렸다.

열흘이 지나면서 하루 일정도 패턴이 정해졌다. 어머니를 모시고 움직이니, 장거리는 되도록 피하고 모든 일정을 점심 전에 마치고 맛있는 식사 후 오후 3시 전에는 숙소로 복귀하는 것으로 했다. 나와 상훈은 이른 아침이나 오후 2~3시 이후 시간을 이용해 오름이나 숲길을 걷고 돌아와 휴식을 취했다.

열하루 (6월 11일)
- - - - - - - - - - - - - -

저녁부터 내린 비가 아침에도 이어져 실내 관람 가능한 이중섭 미술관을 둘러봤다. 돌아오는 길에 하원초등학교 사거리 모퉁이에 있는 〈영실국수〉를 매번 지나치기만

하다, 생각난 김에 들러 보기로 했다. 생면으로 만든
돌문어 비빔면과 고기국수가 맛있는 집이다. 근처
천년고찰 법화사지도 돌아보기로 했다. (비 오는 날이라서
멀리 가지 않고 집 근처를 왔다 갔다 하기로 했다) 옛 절터만 남아
있겠거니 하고 들렀으나, 생각보다 큰 절터의 규모와
아름다운 주변 풍경에 탄성이 나왔다. 대웅전 등 복원된
법화사가 있고 옛 고찰의 분위기가 서려 있어 제주의
아름다운 고찰로 손꼽을 만한 곳이다.
숙소에 돌아와 어머니와 선훈은 휴식을 취하고, 상훈
혼자 엉또폭포를 찾았다. 전날 많은 비가 내렸고 이 날도
비가 계속 내려 폭포는 어마어마한 수량을 쏟아 내며
장관을 보여주고 있었다. 비가 쏟아진 후 엉또폭포는 꼭

들려야 한다는 추천 글들이 많은 이유를 이제야 알았다.
얼마 전 방문했을 때는 우뚝 솟아 있는 마른 절벽만 보고
쏟아지는 폭포 모습을 눈에 그려보기만 하고 돌아왔는데
이 날은 엄청난 엉또폭포의 모습을 마주했으니 그
감동을 어찌 말로 표현할 수 있겠는가.

열이틀 (6월 12일)

성산, 섭지코지 쪽 정통 제주 관광에 나서기로 했다.
어린아이가 있는 가족들이 많이 가는 한화
아쿠아플레넷을 구경하고, 피쉬&칩스와 흑돼지버거도
먹으면서 관광객 코스를 다녔다. 종달리 해변 전망대서
우도, 성산일출봉 바라보며 사진도 찍었다.

열사흘 (6월 13일)

한달살이 중 열흘을 넘어서면서 피곤이 쌓이는 듯했다.
어머니와 선훈은 하루 휴식하기로 하고, 여전히
활동적인 상훈은 형제해안로의 경치를 보며 송악산
해안둘레길을 걷고, 모슬포항도 둘러보며 패러글라이딩
명소로 유명한 금(악)오름까지 올라 아름다운 풍광을
잔뜩 담아왔다.

멋있는 제주, 맛있는 제주

엉클통김밥(서귀포)

서귀포 버스터미널 근처의 〈엉클통김밥〉. 다른 볼일로
근처에 들렀다가 발견한 김밥 맛집인데 나중에 알고
보니 제주 3대 김밥이니, 5대 김밥이니 하는 곳 중
하나이고 본점은 제주시 노형동에 있다고 한다. 그런
내용을 알고 찾은 집도 아니고 본점도 아니지만 아주

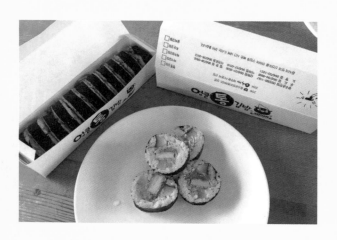

맛있었다. 제주 구좌 당근 같은 현지 식재료를 사용하는
건강한 김밥집이다.

우리는 흑돈김밥과 여우김밥, 바삭김밥을 먹었다.
유부튀김이 들어간 바삭김밥은 말 그대로 바삭한
유부튀김의 식감이 좋았다. 흑돈김밥은 흑돼지돈까스가
김밥에 들어갔다. 얼핏 퍽퍽할 수 있다고 생각되는데
전혀 그렇지 않고 부드러운 돈까스와 밥이 어우러져
조화로운 맛이었다. 여우김밥은 샐러드 김밥인데
여자들이 좋아 할 맛이다. 동네 사람들이 빈 그릇을
가져와 쫄면 같은 메뉴를 담아 가기도 한다.

숨막히는 비경! 선궷내

제주 사람들도 가보지 못한 비경이 서귀포 숙소 근처에
있다고 해서 아침 일찍 길을 나섰다. 약천사 주차장에
차를 세워두고 중문 쪽으로 걸어 내려가다 보면 다리가
하나 있고 그 옆에 '선궷내'라고 적힌 읽기도 어려운
시커먼 표지석이 큼지막하게 서 있다. 표지석이 있는
곳에서 보면 왼쪽의 약천사가 있는 쪽으로 가야 할듯
하지만 숨은 비경을 보려면 바닷가 쪽, 그러니까 표지석
건너편으로 가야 한다. 건너편 오른쪽으로 내려가면
넓은 바위가 나오는데 길이 없어진다. 헉! 하고 당황하지
말고 반대편으로 건너가면 길이 이어진다. 간신히

걸어갈 만한 길이 계곡과 바위틈에 있는데, 여기 정말
길이 있을까 싶다.
힘을 내서 조금 더 내려가면 드디어 바다가 보이기
시작한다. 지나온 길을 되돌아보면 무척이나 아름답다.
험난한 길을 헤치고 나온 만큼 숨막히는 풍경이
펼쳐진다. 쉽게 접근할 수 없는 곳이어서 하천을 따라
바다와 만나는 풍경을 오롯이 혼자서 즐길 수 있는
곳이다. 숨은 경치를 찾아가는 스릴은 덤이다. 찾아가는
길이 짧기는 하지만 다소 험한 편이니 조심해서
다녀오길 바란다.

딱새우장 정식 <양혜란 식당>

<양혜란 식당(정식전문)>. 이것이 식당 간판의 전부다.
식당의 위치는 서귀포 혁신도시에서도 사람들 왕래가
뜸한 소방서 맞은편 길가. 옆에는 널찍한 공터가 있어
주차하기 편하다. 처음 찾아갔을 때 식당이 눈에
들어오지 않아 주변을 빙빙 돌았다. 이런 곳에 식당이
있을까 싶지만, 현지인들로 식당 안이 그득하다.
테이블에는 딱새우장 껍질이 그득하다.

3명이서 딱새우장 정식 2인분과 갈치조림 1인분을
시켰다. 갈치조림을 1인분만 파는 집도 많지 않은데
이 집은 휴대용 가스렌지에 1인분을 떡하니 올려서
끓이도록 내어준다. 양도 거의 2인분 수준. 대파, 호박
등도 잔뜩 들어 있다. 감칠맛이 일품이다.

딱새우장과 함께 나온 생선튀김과 제육볶음도 만만치
않다. 정말 가성비 끝내주는 집이다. 딱새우장은 껍질을
벗겨 먹는 것이 번거롭지만 손님들은 일회용 비닐장갑을
양손에 끼고 즐거워들 하는 모습이다. 짜지 않은
달큰함을 품은 새우살이 입에 녹아들면서 입맛을 끌어
올린다. 방문하는 사람 대부분이 현지인으로 보이는데,
상당수가 딱새우장을 추가해 테이블에 껍질을 수북하게
쌓아 놓고 있었다. 외지인보다 현지인들이 더 식탐을
내는 보석 같은 식당!

반건조 오징어 준치

'썩어도 준치'라는 말이 있다. 본래 좋고 훌륭한 것은
비록 상해도 본질에는 변함이 없음을 비유적으로 이르는
말인데 여기서 준치는 청어과에 속하는 바닷물고기를
말한다. 하지만 제주에서 준치는 '반건조 오징어'를
말한다. 주로 한치를 먹는 제주에서는 오징어를 보기
힘든데 자구내 포구에서 해풍에 말리는 '준치'를
보고 신기해서 먹어봤는데 깜짝 놀랐다. 구운 반건조
오징어가 이런 맛이었나? 하는 생각이 들었다. 적당히
부드럽게 씹히는 맛과 씹을수록 나오는 오징어 육즙이
입안에 번지는 것이 색다른 맛이었다. 제주 오징어
'준치'의 맛은 육지에서 먹는 그것과는 확실히 다르다.

소봉식당

서귀포 안덕면 사계리, 산방산이 눈앞에 보이는 곳에
있는 〈소봉식당〉. 김소봉 셰프가 운영하는 일본
가정식 가게인데 오픈 키친 앞에 자리한 무쇠 밥솥
3개가 인상적이다. 밥맛에 진심이라는 느낌을 받았다.
치킨난반과 미소카츠정식을 주문했다. 솥에서 막
퍼낸 하얀 쌀밥과 장국, 절임 반찬이 모두 깔끔했다.
그러나 밥맛은 다소 호불호가 있을 듯하다. 무쇠 솥밥
자체는 맛이 그다지 훌륭하지 않다. 하지만 치킨이나
미소카츠와 곁들여 먹기에 가장 적합한 밥맛이다. 우리
밥맛이 아니라 일본 가정식에 적합한 밥맛이라고 할 수
있다.

곤밥2

제주시에서 가성비 좋은 맛집으로 널리 알려져 있다.
밥값이 비싼 제주시에서 8,000원에 이런 정식을 먹을
수 있다는 것이 고마울 따름이다. 생선튀김과 제육을
따로 시켜도 이 정도 가격을 받을 것 같은데 이 모든 걸
맛있는 반찬들과 함께 먹을 수 있으니 제주 사람들도
줄 서서 먹을 만한 집이다. 게다가 양도 많다. 아이들과
함께 가서 인원에 맞춰 주문하면 주인장이 오히려 주문

양을 줄이라고 한다. 좁은 식당에 일하시는 분들이
얼핏 봐도 5~6명 되는 듯한데, 다들 친절하다. 무조건
웨이팅을 각오하고 가야 하지만 기분 좋은 한 끼를 먹을
수 있는 곳이다.

영실국수
제주 한달살이를 하면서 거의 매일 봤던 국수집이다.
숙소로 들어오는 사거리에 있는 식당이니 매일 볼
수밖에 없었다. 음식도 제주 고기국수와 돌문어비빔면
등 입맛을 당기는 메뉴들이다. 보름 정도 지난 비 내리는
날. 멀리 가기도 귀찮던 참에 드디어 이 집에 갔다.
생면으로 하는 고기국수의 면이 쫄깃하면서 부드러웠다.
속이 불편해 국수를 잘 못 먹는 사람도 먹을 수 있다고
한다. 돌문어비빔면에는 제주산 해물이 가득했다.
특히 돌문어가 통째로 올라가 있는 것이 인상적이었다.
새콤한 양념에
부드럽게 씹히는
문어의 식감이
더해져 입이
즐거웠다. 눈으로
보는 맛도 더해져
즐거운 한 끼였다.

3주 차

비가 내려도 좋은 제주,
모슬포 오일장은
여자들을 들뜨게 하고

6월 14일 ~ 6월 20일

3주 차

열나흘 (6월 14일)

오늘도 역시 관광지 투어. 서귀포의 대표적 관광지인
쇠소깍과 외돌개를 찾았다. 쇠소깍에는 여전히 관광
인파로 북적거렸다. 제주 관광객들이 죄다 여기 있는
듯했다. 관광의 형태가 올레길 걷기, 숲길 걷기 등 테마
중심으로 바뀌고는 있지만 여전히 정방폭포, 천지연
폭포, 외돌개, 쇠소깍 등 전통 관광지에는 사람들로
가득하다. 관광지를 둘러보고 점심은 지난번 들렀던
양혜란식당을 다시 방문했다. 제주 살이 기간 중 발견한
보석 같은 식당 중 하나다. 여전히 현지 사람들로 식당이
가득차 있었다.
백신 접종을 마치고 사흘 동안 별 탈 없이 지낸 나는
저녁 비행기로 복귀했다. 상훈이 차를 가지고 마중 나와
오는 길에 우진해장국서 고사리육개장 포장해서 저녁을
먹었다. 이게 제주의 맛이지!

열닷새 (6월 15일)
- - - - - - - - - - - - - - -

동생 상훈은 다시 서울로 떠났다. 비가 계속 내려
서귀포 엄청난(?) 손맛이 담긴 손두부집서 점심
식사 후 근처에 있는 우리나라 최초의 사립 미술관
〈서귀포시립기당미술관〉을 갔다. 제주가 고향인
재일교포사업가 기당(奇堂) 강구범에 의해 건립되어
서귀포시에 기증한 미술관이다. 가장 큰 특징은
서귀포가 고향인 변시지 작가의 주요 작품들을 볼 수
있다는 점이다. 〈정방폭포〉, 〈태풍〉, 〈폭풍〉 등 가장
제주스러운 그림을 볼 수 있는 곳이다. 비도 많이 오고
그동안의 피곤이 누적되어 일정은 이것으로 마치고
휴식했다.

열엿새 (6월 16일)

아침 산책은 중문 별내린길(베릿내)로 정했다. 별내린길
전망대를 지나 베릿내 전망대로 오르는 길 입구(주차장
및 화장실 앞)에서 왼쪽 계단으로 내려가면 하천길이
요트계류장으로 이어지는, 아름다운 길을 만날 수 있다.
별내린길 전망대 위쪽 한라산 전망 표지판 쪽에서 보는
천제연 다리의 모습도 아름다운 장면 중 하나이다.
법화사지를 둘러보고, 전날 내린 비로 엉또폭포를 볼

수 있을까 하고 들렸으나 폭포 절벽만 다시 한번 보고
돌아왔다. (비가 70mm 이상 내려야 쏟아지는 폭포를 볼 수 있다고
한다)

마침 대정오일장이 서는 날(1, 6일)이어서 형제해안도로를
따라 오일장에 방문했다. 형제섬이 보이는 해안도로
전망대는 색다른 모습의 그림 같은 풍경이었다. 산방산
아래 해안도로를 따라 형제섬을 바라보며 드라이브하는
길은 제주에서도 손꼽히는 아름다운 해안 풍경이다.

대정오일장은 오랜만에 보는 정겨운 전통시장 모습이었다. 서귀포 오일장보다 규모는 작지만 알차다는 느낌이다. 어머니와 선훈은 오일장에 들어서니 활기를 띠었다. 여기저기 둘러보며 눈이 반짝반짝 빛난다. 시장 분위기도 활기차다. 마라도와 가파도 주민들도 이 오일장을 찾는다는데 그래서 그런지 물건도 싱싱하고, 상인이나 손님이나 모두 표정이 좋다.

어머니와 여동생도 덩달아 기운이 나는지 갈치, 고등어, 호떡, 귤, 사과, 수박, 꽈배기, 국화빵을 잔뜩 사가지고 돌아왔다. 대정오일장은 모슬포오일장이라고도 하는데 장터가 해안가를 끼고 있는 아름다운 전통시장이다. 돌아오는 길에는 수요미식회에 소개된 장터 옆 〈옥돔식당〉서 보말 칼국수를 먹으려 했으나 정기휴일이어서 아쉬운 발길을 돌려 또 다른 지역 맛집인 〈영해식당〉으로 향했다. 이곳은 60년 노포로 밀면, 소고기찌개, 몸국, 고사리육개장 등으로 지역 주민이 많이 찾는 도민 맛집이다. 이날도 식당 손님의 절반 이상이 제주어(?)로 주인장과 대화했다. 우리는 물밀면과 비빔밀면을 주문했다. 오늘도 값싸고 맛있는 한 끼를 먹었다.

숙소로 돌아오니 오일장을 씩씩하게 잘 돌아다니시던 어머니가 발뒤꿈치가 아프다고 통증을 호소하셔서 서귀포 혁신도시 근처 병원을 방문했다. 정형외과서 엑스레이 사진도 찍고 촉진도 해보니 다른 이상은 없고 보름 동안 많이 걸어서 무리가 왔다고 했다. 다행이다. 88세 노인이 제주 한달살이를 하는 것도 힘든 일인데 이렇게 돌아다니는 것이 쉬운 일은 아니다. 어머니가 워낙 건강하시니 우리도 당연히 다니시는 데 무리가 없을 거라고 생각했는데 아무래도 나이가 있으시니 조금씩 몸에 무리가 온 모양이다. 조심조심 다녀야겠다.

열이레 (6월 17일)
- - - - - - - - - - - - - - - -

오늘은 선훈이 집에 남아 청소며 빨래하고, 어머니와 둘이 나들이를 나왔다. 발꿈치가 아프신 어머니 사정을 고려해(?) 강정천 켄싱턴 쪽을 가볍게 산책하고 남원 쪽 포구를 돌아봤다.
강정천 버스정류장 근처 공원 주차장에 차를 두고 켄싱턴리조트 옆 식당 사이의 길로 들어서면 강정천을

따라 해안으로 나가는 예쁜 길이 나온다. 리조트 안쪽으로 들어갈 수 있어 편히 산책할 수 있는 길이다. 사진 찍으며 둘러본 후 잘 알려지지 않은 남원 쪽 〈망장포〉를 방문했다. 고려시대 옛 포구를 볼 수 있는 곳이다. 몽고에 조공을 바치던 배가 드나들던 가슴 아픈 사연이 있는 포구이기도 하다. 또한 제주도에 거의 남지 않은 옛 포구의 원형을 유지하고 있는 곳이다. 조그만 옛 포구의 모습이 정겹다.

이어서 남원포구로 향했다. 남원포구에는 해수풀장이 있어 더운 여름에는 아이들로 북적대는 재밌는 풍경을 연출할 듯하다. 남원포구 위쪽은 큰엉해안경승지 2.2km 산책길로 이어진다. 간단한 포구기행을 마치고 숙소로 돌아왔다.

저녁에는 선훈 식구들이(매제와 조카 강희) 합류해 월평포구 산책 후 숙소 입구에 있는 〈올레칠돈〉에서 연탄 흑돼지구이로 저녁을 먹었다. 근처에 시설 좋고 전망 좋은 돼지고기집이 많이 있지만, 이 집은 고기 맛으로 유명한 집이다. 좋은 부위와 주인장이 직접 불 앞에서 구워 내주는 고기 맛이 일품이다. 숙소 바로 앞에 있는 집이라서 꼭 가보고 싶었지만 눈으로만 맛보다 보름이 지나서야 제대로 맛을 봤다. 고기 굽는데 진심인 사장님의 모습도 보기 좋았다.

열여드레 (6월 18일)

매제와 조카 강희가 왔으니 제주의 원형을 보여주기
위해 곶자왈 탐방에 나섰다. 우선 〈환상숲곶자왈〉서
해설사 설명을 들으며 1시간 산책 후 제주
곶자왈도립공원을 2시간 정도 둘러보는 코스를
선택했다. 비가 온 뒤여서 덥지 않아 걷기 적당했다.
덕분에 곶자왈의 청량한 공기를 만끽할 수 있었다. 두
사람이 곶자왈도립공원을 탐방하는 동안 나는 저지리
문화예술인마을의 제주현대미술관을 둘러봤다. '어디로
가야하는가'라는 2020 아트저지 야외프로젝트가
인상적이었다. 숲길 속 설치된 인간의 형상들이 길을
찾고 있었다.

각각 미술관과 곶자왈 탐방을 마친 후 점심은 대정읍
영해식당서 밀면과 몸국을 먹으러 갔으나 재료 소진으로
쉰다고 해서 급히 차를 돌려 이틀 전 대정오일장에 갔을
때 정기휴일이어서 못 간 〈옥돔식당〉으로 향했다. 두
식당은 1분 거리였다. 식당에 갔을 때가 12시
40분경이었는데 다행히 줄을 서지 않고 바로 입장할 수
있었다. 〈옥돔식당〉은 보말칼국수 단일 메뉴로, 자리에
앉자마자 자동 주문되는 시스템이다. 보말과 해초향이
깊이 배어 있는 칼국수 맛이 특이하다. 제주 보말칼국수
중 손가락에 꼽을 만한 집이다. 숙소로 돌아와 휴식 후

나와 여동생, 조카는 〈커뮤니테이블〉서 이탈리안
음식으로, 어머니와 매제는 집밥으로 저녁을 먹었다.

열아흐레 (6월 19일)

한라산에 가는 매제와 조카를 성판악에 내려주고 돌아와
대포연대의 숨은 비경이라는 도리빨을 찾아갔다.
대포연대는 서귀포 대포동에 있는 연대(烟臺)이다. 위급
상황에 연기나 횃불로 연락을 했던 시설을 말하는
것이다. 이곳 아래 해녀작업장이 있는 곳이 도리빨이다.
중문 축구장 표시가 있는 곳으로 가서 대포연대
표지판을 따라가면 된다. 대부분 대포연대에서 중문
쪽으로 난 길을 따라서 걷고 연대 아래쪽으로는 잘 가지
않는다.
도리빨은 작업하는 해녀들이 주로 모여 있는 곳이다.
이쪽으로 가면 아주 예쁜 바다 풍경을 볼 수 있다.
제주 해안에서 볼 수 있는 검은 화산석이 작은 연못을
이루고 있고 해녀들이 작업 나가기 수월하도록 작은
포구 역할도 하는 곳이다. 중문 주상절리와 산방산 등의
경치가 어우러지는 서귀포의 또 다른 비경이다. 이곳을
지나 주상절리 쪽으로 걷다 보면 주상절리대 입구 언덕
아래 작은 주상절리가 앙증스럽게 서 있는 작은 해안이
눈길을 사로잡는다. 이곳도 숨겨진 해안경승지로
꼽을 만한 곳이다. 축구장 주차장의 아래쪽 해안가
경치도 눈부시다. 바닷가 아래쪽으로도 내려갈 수 있어
아름다운 해안 풍경을 두루두루 볼 수 있다.

숙소로 돌아와 선훈과 한라산 등반한 두 사람을 관음사
코스 입구서 픽업하고, 주린 배를 채우러 서둘러
〈서귀포 밀면 정든옛집〉으로 향했으나, 브레이크타임!
네이버 검색에는 없었는데……. 제주의 밥집은 항상
연락하고 방문해야 한다. 쉬는 날도 제각각이고 요즘
들어 브레이크타임이 있는 집들이 많아졌기 때문이다.
우리도 몇 번 낭패를 봤다. 어쨌든 급히 가까운 거리에
있는 밀면집을 찾아 허기는 면할 수 있었다.

돌아오는 길에 남원 보목포구 근처 죽집에서 며칠
전부터 몸 상태가 안 좋아지신 어머니가 드실 전복죽을
포장했다. 약국서 약사와 상담 후 건강 회복을 위한 몇
가지 약을 구입하고 휴식을 취하면서 드시도록 했다.
몸이 지쳐있고, 약간의 장염 증상도 보이셨다. 객지
생활이 20일째 접어들면서 이상 신호가 온 것이다.
어머니의 건강도 생각해 24일에는 내가 어머니와 함께
먼저 서울로 돌아가기로 했다.

스무날 (6월 20일)
- - - - - - - - - - - - - - - -

매제와 아침 산책으로 강정천 양쪽을 걸었다. 오전에
여동생이 어머니와 휴식을 취하고 나머지 일행은
남원큰엉해안경승지, 망장포, 사려니숲길, 산굼부리
등을 돌아봤다. 오후에는 건강이 조금 회복되신
어머니와 함께 주상절리, 박수기정, 수월봉을 둘러본 후
서울로 가는 일행을 공항에 내려주고 숙소로 돌아왔다.

멋있는 제주, 맛있는 제주

별내린길(베릿내) & 요트장

하천에 은하수가 흘러내리는 것 같다고 해서 성천(星川),
베릿내라고 한다. 중문 관광단지에서 대포항 쪽으로
가는 언덕에서 내리막길로 들어서면 한라산전망대와
별내린길 전망대 표석이 있다. 그곳에서 바라보는
전망도 좋지만 별내린 길 전망대 주차장 데크
아래쪽으로 내려가면 또 다른 풍광을 만날 수 있다.
반짝이는 물길을 따라가면 계곡 안쪽에 산책하기 좋은
공원이 조성되어 있고 바닷가 쪽으로는 요트 계류장이

있어 색다른 경관을 볼 수 있다. 여기서 위쪽으로
올라가면 퍼시픽리솜(옛 퍼시픽랜드)이 자리잡고 있다.
이곳에서 색달해수욕장이 있는 해변을 끼고 하얏트 호텔
방향으로 보이는 경치는 유명 해외 휴양지를 연상케
한다.
별내린길이 담고 있는 제주 원형의 아름다움과
퍼시픽리솜을 중심으로 요트가 드나드는 휴양지의
풍광이 어우러져 색다른 모습을 보여준다.

영해식당

서귀포 대정읍에 있는 오래된 식당이다. 식당 위치나
외관을 봐도 동네 터줏대감처럼 보인다. 식당에
들어서니 아니나 다를까 동네 분들이 왁자지껄 모여
있었다. 제주도 사투리로 얘기를 주고받는데 도통 무슨

말인지 알아들을 수 없었다. 어쨌든 메뉴판 제일 앞에
적힌 밀 냉면과 비빔 밀면을 주문했다. 여러 음식을
주문하고 싶었지만, 대정오일장에 들렀다 오는 길이어서
덥고 지쳐 대표 메뉴인 밀면으로 통일했다. 냉 밀면은
시원하고 달짝지근한 맛, 비빔밀면 양념은 맵지 않고
순한 맛이었다. 면은 중면인데 쫄깃하면서 부드럽게
넘어갔다. 마치 오래된 국숫집에서 먹는 맛이었다.
몸국과 고기국수도 맛있다고 한다. 옆 테이블에서는
소고기찌개를 먹는데 그건 더 맛있어 보였다. 동네
사람들이 와서 푸근하게 한 그릇 먹고 가는 맛집이다.

망장포

서귀포 남원읍 하례리에 있는 아주 작은 포구다.
제주도에 남아 있는 포구 가운데 온전한 원형이 남아
있는 자연포구이기도 하다. 이 포구는 고려 시대 때
중산간 지역 목마장에서 키운 말이나 세금으로 거둬들인
물자를 실어 나르는 이른바 '조공포'였다고 한다. 포구의
입구가 좁아 아주 작은 배만 드나들 수 있을 정도다.
소나무에 둘러싸여 있는 포구의 모습이 앙증맞고
귀엽다. 지금은 포구 기능은 하지 않고 원형만 보존되어
있다. 포구 안쪽에 놓여 있는 벤치에 앉아 바라보는 바다
풍경이 한가롭기 그지없다.

해녀들의 작고 예쁜 쉼터 도리빨!

중문 주상절리대 근처에 있는 대포연대 아래에
'도리빨'이라는 곳이 있다는 제주 유튜버의 영상을
보고 찾아간 곳. 대포연대는 서귀포 대포동에 있는
연대(煙臺), 그러니까 위급할 때 연기나 횃불로 연락을
했던 시설을 말한다. 연대 아래 해녀작업장이 있는 곳을
도리빨이라고 한다. 중문 축구장 표시가 있는 곳으로
가서 대포연대 표지판을 따라가면 된다. 대부분의
사람은 대포연대에서 주상절리대 쪽으로 이어지는
길을 따라서 걷고, 연대 아래쪽으로는 잘 가지 않는다.
해녀작업장인 만큼 내가 방문한 날도 해녀들이 작업장
바깥에 나와 앉아 이야기를 나누고 있었다. 작업장이자

쉼터인 셈인데, 아주 예쁜 바다 풍경을 볼 수 있다.
제주 해안에서 볼 수 있는 검은 화산석이 작은 연못을
이루고 있고 해녀들이 작업 나가기 수월하도록 작은
포구 역할도 하는 곳이다. 중문 주상절리와 산방산 등의
경치가 어우러지는 서귀포의 비경으로 꼽을 만하다.
개인적으로는 월평포구와 함께 제주에서 가장 예쁘고,
사랑스러운 풍경을 간직한 장소로 기억되는 곳이다.
이곳을 지나 주상절리 쪽으로 걷다보면 주상절리대 입구
언덕 아래 작은 주상절리가 앙증맞게 서 있는 작은
해안이 눈길을 사로잡는다. 이곳도 숨겨진 해안경승지로
꼽을 만한 곳이다. 축구장 주차장으로 돌아오면 아래쪽
해안가 경치도 눈부시다. 바닷가 아래쪽으로도 내려갈
수 있어 아름다운 해안 풍경을 두루두루 볼 수 있다.

서귀포 밀면 정든옛집

서귀포 토평동 지역
사람들이 찾아오는
동네 밀면집이다. 굳이
제주도까지 가서 밀면집을
찾아가야 할까 싶기는
하지만 우리는 처음
방문하고 생각나서 또
찾아갔다. 비빔 밀면의 양념
맛도 자극적이지 않으면서

감칠맛이 있고, 가느다란 면의 식감도 부드럽고 좋았다.
이 집은 밀면을 주문하면 석쇠에 구운 돼지불고기와
같이 나온다. 돼지불고기는 식지 않도록 작은 촛불에
놓여서 나온다. 물 밀면이 6,500원이고 비빔 밀면이
7,000원인데 이런 세심한 배려까지 있다니. 게다가 같이
나오는 석쇠불고기는 서비스로 나오는 그저 그런 고기가
아니다. 제대로 된 석쇠구이 맛이다. 7,000원에 이런
맛을 본다는 것이 감동이다. 굳이 제주도에 가서 밀면
먹으러 이 집을 방문하는 이유다.

박수기정

대평포구에 가면 우뚝 솟은 절벽을 볼 수 있는데,

그것을 〈박수기정〉이라고 한다. 중문의 주상절리나 애월 해안도로의 해안절벽 같은 멋진 풍경을 볼 수 있다. 샘물을 뜻하는 '박수'와 절벽을 뜻하는 '기정'이 합쳐져 '바가지로 마실 수 있는 깨끗한 샘물이 솟아나는 절벽'이라는 의미를 담고 있다. 제주올레 9코스의 시작점이기도 하며 올레길은 박수기정의 윗길로 오르게 되어있다. 돌을 쪼아서 길을 내었다는 산길을 오르면 한적한 대평포구가 한눈에 내려다보인다. 박수기정 위쪽에 평야 지대가 나타나고 이곳에서 밭농사를 하는 풍경도 신기했다.

굳이 산길을 오르지 않아도 입구 쪽으로 조금만 가면 박수기정을 배경으로 멋있는 사진을 찍을 수 있다. 지중해풍의 대평포구 풍경은 덤으로 얻을 수 있다.

4주 차 --------------------------------

휴식이 필요한 시간,
어슬렁 거려도 좋은 제주

6월 21일 ~ 6월 27일

스무하루 (6월 21일)

평소보다 조금 늦게 일어났다. 이제는 몸도
어슬렁거리기를 원하는 것 같다. 식사 후 10시쯤 어제
다녀온 산굼부리와 사려니숲길을 다시 가기로 했다.
어머니와 여동생이 가보지 못한 곳이어서 오후의
더위를 피해 오전에 둘러보기로 했다. 생각보다
햇살이 강하지 않아 비교적 수월하게 산책하고, 근처
선흘 〈방주할머니 식당〉서 점심을 먹었다. 손두부와
고사리비빔밥, 콩국수를 주문했는데 엄청난 손두부의
맛에 깜짝 놀랐다. 비빔밥도 고사리의 식감이 아삭하고
향이 가득해 최고였다. 특히 어머니께서 아주 맛있게
드셨다. 콩을 전문으로 하는 집답게 검은콩국수도 아주
훌륭했다.

오늘도 맛난 점심으로 배를 채우고 돌아와 휴식했다.
6시경 먹다 남아 포장해 온 손두부를 저녁 삼아 기름에
부쳐 먹은 후 월평포구의 일몰을 감상했다. 월평포구의
멋지고 아름다운 일몰을 한참 눈에 담았다.

스무이틀 (6월 22일)
- - - - - - - - - - - - - - - - - -

아침에 별내린길을 따라 퍼시픽 랜드 요트장을
산책했다. 건너편에 하얏트호텔이 보이는 해안
풍경과 프라이빗한 색달해변이 고급 휴양지 느낌을
물씬 풍겼다. 중문관광단지 안에 잘 가꿔진 곳이어서
제주도라는 느낌보다는 외국 어느 휴양지에 서 있는

기분이었다.

아침 식사 후 집 주인(36번가를 운영하는 주인장은 따로 있고 집주인은 나이 많으신 아주머니였다)과 앞마당에서 딴 딸기로 만든 주스 한 잔을 마시며 이런저런 얘기를 나눴다.

오늘은 효명사를 찾아갔다. 가정집 같은 엉성한 개인 사찰이 덩그러니있었다. 불교 신자이신 어머니는 시줏돈부터 챙기셨는데 막상 절의 모양새를 보시고 실망하셨는지 아예 예불도 안 하시고 패스하셨다. 효명사보다 계곡 속 〈천국의 문〉과 주변 계곡 풍경이 압권이었다. 최근에 SNS 사진 명소로 뜨고 있다고 한다. 돌아오는 길 맛난 점심 식사를 위한 식당을 찾지 못해 헤매던 중 서귀포 신시가지 쪽에서 멜국, 멜튀김으로 유명한 〈황가네포차〉를 발견해 태어나서 처음 멜국을 먹었다.

생멸치와 배추를 넣고 끓인 멜국은 갈치국과 비슷하면서도 살짝 꽁치 맛이 나고 배추와 어우러져 시원, 담백한 맛이 좋았다. 점심의 백미는 멜 튀김이었다. 바삭하고 속은 부드러운 맛이 일품이었다. 이 또한 기억에 남는 제주의 맛!

맛있는 식사 후 어머니와 함께 월평포구의 일몰을 보며 산책했다. 매일 다른 모습으로 펼쳐지는 월평 해넘이 풍경을 마음껏 눈에 담았다.

스무사흘 (6월 23일)
- - - - - - - - - - - - - - - - - -

제주에 왔으니 온천은 한 번 가야겠지? 아쉽지만 나는
얼마 전 대포항을 둘러보다 넘어져 깨진 무릎 상처가
낫지 않아 물에 들어갈 수 없었고, 어머니와 여동생만
둘이서 산방산탄산온천에서 온천욕을 즐겼다. 그사이
나는 군산오름을 올랐다. 차로 거의 정상까지 올라 5분
정도 걸어가면 서귀포 전망이 파노라마처럼 펼쳐지는
전망 명소다. 도로가 차 한 대 간신히 지날 수 있는
길이어서 초보 운전자에게는 위험할 수도 있다. 중문에
있는 〈함셰프키친〉에서 유명한 갈비짬뽕과
눈꽃치즈돈까스를 먹고 나서 대포연대와 도리빨을 두
사람에게 소개하고 숙소로 돌아왔다.

잠시 낮잠 후 홀로 머체왓숲길 탐방에 나섰다.
편백나무와 삼나무, 곳자왈 등이 어우러진 엄청난
규모의 숲길이다. 간단히 둘러보고 돌아오려 했으나
넋이 나가 깊이 들어가고 말았다. 길을 잃고 헤매다
어찌어찌 나오니 엉뚱하게 숲길 주변 목장으로 빠져나와
차도를 따라 30분을 걸어 다시 숲길 입구로 돌아왔다.
다시 한번 찾아 제대로 걸어 볼 만한 길이다.

어머니와 나는 오늘로 제주살이 끝!

스무나흘 (6월 24일)

어머니를 모시고 짐을 챙겨 서울로 간다. 오후 12시 10분
비행기. 오전 9시 50분에 월평마을 입구서 600번 리무진
타고 공항으로 향했다.
전날 산 전복죽으로 아침을 먹고 집에서 한가롭게
휴식했다. 제비는 짹짹 울고, 집 앞 녹나무를 제집 삼은
직박구리는 이리저리 나무 속을 옮겨 다니고, 동네
검은 고양이는 우리 숙소가 제집인 양 어슬렁어슬렁
돌아다녔다. 한가로운 아침 풍경이 지금도 눈앞에
선하다.

4주 차

멋있는 제주, 맛있는 제주

선흘방주할머니식당

제주시 조천읍에 있는 〈선흘방주할머니식당〉. 맛있는 두부, 건강한 음식으로 이름난 집이다. 산굼부리에 들렀다 10여 분 거리에 있는 이 집을 찾아갔다. 두부 전문집답게 손두부는 제주에서 먹어 본 두부 중에서 가장 맛있었다. 손님들은 두부전골과 곰취만두도 많이 먹는 것 같은데, 우리 일행은 손두부와 검은콩국수, 고사리비빔밥을 먹었다. 두부도 맛있었지만 고사리비빔밥의 고소한 맛과 아삭한 식감은 지금도 잊을 수 없다. 담백한 양념장과 어우러진 채소들의 식감, 특히 고사리의 아삭아삭한 식감은 너무 좋아 먹는 내내 입안이 즐거웠다. 입맛 까다로운 어머니를 사로잡은 음식 중 하나이다.

황가네포차

여행의 즐거움 중 하나는 우연한 발견이다.

〈황가네포차〉는 서귀포 혁신도시 방향 주택가를 스치듯
지나가다 멜(멸치) 튀김 간판을 보고 들어간 집이다.
비좁은 공간에 테이블 4개와 안쪽에 좌식 2개 자리가
전부이다. 손님들은 멜 튀김 포장을 많이 해가는 듯했다.
우리는 멜국과 멜 튀김을 주문했다. 멜국은 난생처음
먹었는데, 배추를 넣고 끓여 비리지 않고 구수하면서
달큰한 맛이 났다. 큼지막한 멸치는 꽁치 맛도 느낄 수
있었다. 이번엔 멜 튀김. 이게 예술이었다. 바삭한
튀김이 부드럽게 입안에서 녹아드는 맛이 일품이었다.
계속 손이 갔다. 며칠 뒤에는 포장해서 먹었는데, 맥주
안주로 최고다. 제주에서 멜국과 멜 튀김 맛집을
발견했다.

군산오름

제주의 오름들은
각자 다양한
특색을 지니고
있어 어디가
최고라고 할 수
없다. 그래도 굳이
꼽으라고 한다면

'오름의 여왕'이라는 다랑쉬오름을 꼽을 수 있다. 맑은
날 여기서 보는 풍경은 정말 숨이 막일 정도이다. 그런데
굳이 〈군산오름〉을 소개하는 것은 작은 뒷동산도 오르는
것을 힘들어하는 사람들도 오름의 풍경을 충분히 감상할
수 있는 곳이기 때문이다. 차로 거의 정상 바로 밑까지
올라갈 수 있어 5분만 걸어가면 서귀포의 아름다운
풍광을 사방으로 볼 수 있다. 대평리의 넓은 들(난드르)을
병풍처럼 에워싸고 있는 군산오름은 한라산부터 중문,
마라도, 산방산까지 두루 볼 수 있다. 언덕을 오르는
것이 힘든 사람에게 제주 오름의 풍경을 보여주려면
이곳을 추천한다. 단, 올라가는 길이 비좁고 교차 지역도
자갈에 바퀴가 미끄러지는 경우가 많아 운전이 미숙한
사람은 조심해야 한다.

머체왓숲길

제주도를 자주 다니는 편에 속하는 데도 이 숲길은
이번에 처음 알게 됐다. 하마터면 한달살이 기간에도
그냥 지나칠 뻔했다. 서귀포 남원 지역을 방문하던 중
우연히 알게 됐고, 서울로 떠나오기 전날 혼자 시간을
내서 방문했다. 간단히 둘러보고 오려다 숲에 빠져들어
너무 깊숙하게 들어가는 바람에 길을 잃고 헤매기도
했다. '머체'는 돌이 쌓이고 잡목이 우거진 곳, '왓'은
제주어로 '밭'을 의미한다. 그러니까 〈머체왓숲길〉은
'돌과 잡목이 우거진 밭이 있는 숲길'이다. 제주의
곶자왈과 편백나무, 삼나무 숲길을 한번에 경험할 수
있을 정도로 울창하고 깊다. 삼나무 숲 안쪽에 사람이
살던 집터 깊숙이 들어갔다 길을 잃었다. 한참을 돌고
돌아 어느 목장 바깥으로 나와 간신히 입구로 돌아왔다.
제주의 원시림을 제대로 볼 수 있는 곳이다. 꼭 다시
한번 찾아 제대로 걸어보고 싶은 숲길이다.

5주 차

제비들도 떠나고,
안녕 제주 한달살이

6월 28일 ~ 6월 30일

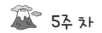 **5주 차**

스무닷새 (6월 25일) ~ 스무아흐레 (6월 29일)

어머니와 내가 먼저 서울로 떠나고 상훈과, 매제, 그리고
또 다른 조카 찬희가 36번가에 합류했다. 산과 숲길을
좋아하는 매제와 상훈은 한라산 영실~돈내코 코스도
걷고, 예약한 거문오름과 만장굴도 둘러보면서 제주의
바람과 향기를 온몸으로 느끼고 돌아왔다.
제주살이를 시작할 무렵 숙소 안채 처마 밑에 둥지를
틀었던 제비도 우리가 떠날 무렵 새끼 제비들의 비행
연습을 마치고 함께 둥지를 떠났다.
28일 상훈이 차에 짐을 싣고, 제주에 올 때 타고 왔던
퀸메리호로 목포항을 거쳐 서울로 올라왔다.
선훈네 식구들이 남아 뒷정리를 하고 원래 예정된
날보다 하루 앞당겨 29일 서울로 돌아왔다.
한 달간 살았던 〈36번가〉를 반짝반짝 닦아 놓고.

우리의 한달살이도 반짝반짝 빛났습니다!

월평마을 일기 그 후

월평마을에서 한달살이를 마칠 무렵 여동생네가
서귀포 혁신도시에 1년 살이 아파트를 계약했다. 회사
복지용이기도 하면서 친인척들이 사용할 수 있도록
했다. 렌트카도 마련해 놓았다. 이런 결정을 한 배경에는
한달살이 동안 몇 차례 다녀간 매제가 그동안 제주에서
발견하지 못했던 숨은 매력을 찾아냈기 때문이다.
제주의 원시림과 계곡이 만들어 내는 '천연 치유의
바람'에 푹 빠져버린 것이다.
어머니와 나, 남동생은 추석 연휴 동안 그곳에서 4박
5일을 지냈다. 월평마을 36번가를 다시 찾아 집주인과
만나기도 하고 가을 문턱에 들어선 제주의 풍경을 눈을
담고 돌아왔다.
월평마을 36번가 데크에 나와 앉아있으면 제주의
따사로운 햇살을 온몸으로 느낄 수 있다. 제주 한달살이
추억 중 가장 기억에 남은 곳이기도 하다.
석 달 만에 찾은 우리 일행을 집주인 아지매가 반갑게

맞아 주었다. 커피를 타 마시며 한참 수다를 떨었다.

태풍 찬투가 제주를 지나기 직전에 도착한 우리 일행은
다음날 엉또폭포를 찾았다. 이미 일주일가량 제주에
많은 비가 내려 그동안 마른 절벽만 보다가 이번에는
어마어마한 수량을 쏟아 내는 엉또폭포를 제대로 볼 수
있었다. 그저 감탄사 밖에 나오지 않았다.

둘째 날에는 청보리밭으로 유명세를 치르는 가파도를
찾았다. 당연히 봄에 피는 청보리밭은 볼 수 없었고,
코스모스도 지고 없었다. 그래서인지 사람이 북적이지
않고 한적해서 걷기 좋았다.

청보리가 없어도 충분히 아름다운 섬이다. 주변의 꽃과
풀은 거들뿐. 가오리를 닮아 평평한 섬은 타박타박 걷기
안성맞춤이었다. 가파도에서 바라보는 제주 섬은 또
다른 매력을 뽐낸다. 산방산과 송악산, 그리고 저 멀리
한라산까지 한눈에 내다보이는 풍광은 아직도 눈에
어른거린다.

나지막한 언덕 위 소망전망대에 올라 제주 섬을 넋 놓고
바라보다 반대편으로 돌아서면 수평선 위에 최남단 섬
마라도가 두둥실 떠 있는 풍경이 펼쳐진다.
저 멀리 버들강아지가 흔들리는 너른 들판 너머로
분홍색 우산을 쓴 사람이 걸어가는 모습이 그림엽서 속
풍경이다.
이번 여행에서는 한달살이와는 다른 맛있는
발견도 있었다. 1인분인데도 어마어마한 양의
닭볶음탕과 제육볶음에 깜짝 놀란 서귀포 신도시의
〈가보정원(보가정원)〉, 근처의 돈가스 맛집 〈바삭〉,
그리고 조천읍의 〈오늘의 미미〉 등 맛있는 제주 여행도
끝이 없다.

셋째 날에는 제주 조천읍 교래자연휴양림에 있는
제주돌문화공원을 돌아봤다.
제주돌문화공원을 돌아본 것은 30여 년도 지난
옛날 목석원을 방문했던 기억을 더듬어가면서였다.
지금은 사라져버린 목석원을 찾다가 돌문화공원이
목석원의 기증과 기획으로 조성되었다는 사실을
알게 됐다. 아기자기한 규모의 탐라목석원이
교래자연휴양림과 맞붙은 어마어마한 규모의 공간으로
변신해있으리라고는 상상하지 못했다. 돌문화공원을
방문한 순간 그 규모에 놀랄 수밖에 없었다. 돌과 제주의

자연 환경이 어우러져 제주의 아름다운 풍광을 한 눈에
볼 수 있는 곳이었다.

한달살이 후에 제주를 다시 찾으니 제주의 풍광들이
정겹게 다가왔다. 새로운 여행지를 찾은 설렘보다는
눈에 익은 그리운 풍광을 다시 볼 수 있다는 설렘이
컸다. 제주살이를 하면서 천천히 여유롭게 살펴보니
그동안 보지 못했던 제주의 모습들이 눈에 들어오기
시작했다. 비로소 관광지 제주가 아닌 '제주 섬'의 모습이
보이기 시작했다. 그렇게 보니 제주가 점점 더 예뻐
보인다.

에필로그

멋있는 제주, 맛있는 제주

가보정원

제주공항에서 서귀포 혁신도시 숙소로 가던 버스 안에서
창가로 보이던 '보가정원'이라는 밥집 간판이 왠지 눈에
아른거렸다. 궁금함을 참지 못해 인터넷 검색을 해보니
식당 이름이 나오지 않았다. 누군가가 올려놓은 한 건을
보니 두루치기를 산더미(?)처럼 준다고 한다.

다음날 점심을 먹으러 가려고 내비게이션으로
검색하는데 보가정원은 없고 가보정원이 나온다.
방문하니 건물 외관의 간판은 보가정원이고 내부는
전부 〈가보정원〉, 〈가보정〉이었다. 주인장의 설명을
들으니 〈가보정〉으로 2년 정도 식당을 운영했는데, 다른
지역에서 상표 등록을 해서 식당 이름을 아예 바꿀 수도
없고 해서 이름을 뒤집어서 〈보가정원〉으로 했다고
한다. 그래서 대외적으로는 보가정원, 내부적으로는
원래대로 가보정을 이름으로 쓰고 있다.

어찌 됐든 이 집 음식은 내가 경험한 밥집 중 최고의

인심을 자랑한다. 세 명이서 두루치기, 닭볶음탕,
갈비탕을 시켰는데 모두
솥밥과 같이 나왔다. 게다가

양도 엄청났다. 영양갈비탕은
12,000원(얼마 전까지
10,000원이었다), 나머지는 모두
8,000원이다.

basak

제주 혁신도시에 있는 돈가스 전문점이다. 근처
아파트에 며칠 있으면서 동네를 어슬렁거리다 발견한
식당이다. 동생이 저녁 산책을 하다가 사람들이 가득
차 있는 것을 보고 추천해서 방문했다. 조금 이른
저녁 시간에 갔는데 정말 사람들이 줄지어 들어왔다.
식당에서 식사하는 사람들보다 포장해 가는 사람들이 더
많았다. 제주 생흑돼지를 사용하고, 식빵을 직접 만들어
튀김 옷으로 사용한다. 그래서 상호도 〈바삭〉이다.
제주 생흑돼지를 사용했으니 잡내 없이 부드럽게
씹히는 맛이 일품이었다. 가장 큰 특징은 튀김가루의
바삭하면서 고소한 맛인데, 씹을수록 입안에 고소함이
감돌면서 기분 좋게 했다. 접시에 남은 튀김가루까지
남김없이 싹 먹었다.

오늘의 미미

이런 곳에 밥집이 있을까 싶은, 주변에 아무것도 없는
길가에 맛있는 밥집이 있었고 예약을 하지 않으면 가기
어려웠다. 제주 돌문화공원을 둘러보고 점심을 먹을
곳을 찾던 중 마침 일요일이라 가성비 좋은 동네 밥집이
모두 쉬는 날이어서 이곳저곳을 수소문해 찾아낸 곳이
〈오늘의 미미〉였다.

조천읍 선흘에 있으면서 함덕에서 가까운 곳에 있는
오늘의 미미. 혹시나 하고 전화 예약을 했는데 우리가
마지막이었다. 4인 테이블 3개, 2인 테이블 2개의 아담한
식당 크기에 참돔 정식, 수제떡갈비 정식, 팬케이크
정식, 이렇게 3가지 메뉴가 전부이다. 우리는 세 가지
정식을 골고루 시켰는데, 이날은 추석을 앞두고 떡갈비

대신 한우육전이 나왔다.

깔끔하게 차려진 밥상이 보기에도 입맛을 돌게 했다. 오이무침, 김치, 연근조림 등 같이 나온 반찬도 모두 맛있었다. 참돔은 살이 탱탱하고 쫄깃쫄깃했고 한우 육전은 부드럽게 술술 넘어갔다. 팬케이크는 서울의 유명 브런치 맛집과 비교해도 손색이 없었다. 젊은 감성의 맛집인데 나이든 사람들에게도 충분히 맛으로 승부할 만한 맛집이다.

제주돌문화공원
4개의 오름에 둘러싸여 있는 조천읍 교래리.

3,269,731㎡ (100만 평)의 방대한 지역에 돌과 오름,
억새가 어우러져 천혜의 제주를 보여주는 곳이다.
제주돌문화공원을 돌아본 것은 30여 년도 지난 옛날
목석원을 방문했던 기억을 더듬어가면서였다. 지금은
사라져버린 목석원을 찾다가 돌문화공원이 목석원의
기증과 기획으로 조성되었다는 사실을 알게 되어
방문했다. 아기자기한 규모의 탐라목석원이
교래자연휴양림과 맞붙은 어마어마한 규모의 공간으로
변신해있으리라고는 상상하지 못했다. 돌문화공원을
방문한 순간 그 규모에 놀랄 수밖에 없었다. 제주의 돌
문화와 함께 그림 같은 자연 풍광을 한눈에 담을 수 있는
곳이다.

엉또폭포2

서귀포 신시가지 월산마을에서 한라산 쪽으로 1km 정도 올라가면 있는 악근천 상류에 있다. 감귤 과수원이 있는 좁은 도로를 지나가면 주차장이 있고 폭포로 올라가는 길이 나온다. 평소에는 폭포에 물이 떨어지는 것을 볼 수 없고

기암절벽이 난대림에 둘러싸여 있는 경관을 볼 수 있다. 장마철이나 70mm 이상 많은 비가 내려야 기암절벽 위에서 쏟아져 내리는 폭포수를 볼 수 있다. 우리는 비가 어지간히 내렸다고 생각되는 날 두 차례 방문했으나 물기 젖은 절벽을 마주하고 발걸음을 돌려야 했다. 그리고 이틀 연이어 많은 비가 내린 날 드디어 엄청난 장관을 마주할 수 있었다. 비가 많이 오는 날 서귀포에 있다면 지금 주저하지 말고 엉또폭포로 가자! - 앞의 〈엉또폭포〉에서 설명한 글인데 이것은 서막에 불과했다.

이로부터 3개월이 지난 9월 17일 태풍 찬투가 지나갈 때 제주에 도착했다. 이미 일주일간 엄청난 양의 비가 쏟아진 뒤여서 곧바로 엉또폭포를 방문했다. 어마어마한

수량에 우와! 소리밖에 나오지 않았다. 엉또폭포의
진면목을 마주했다.

타박타박 걷기 좋은 섬, 가파도

청보리밭으로 유명세를 얻은 〈가파도〉를 가을 문턱에
찾았다. 당연히 봄에 피는 청보리는 볼 수 없었고,
코스모스도 지고 없었다. 그래서인지 사람이 북적이지
않아 걷기 좋았다. 청보리가 없어도 충분히 아름다운
섬이다. 가오리를 닮아 평평한 섬은 타박타박 걷기
안성맞춤이었다. 가파도에서 바라보는 제주 섬은 또
다른 매력을 뽐낸다. 산방산, 송악산, 그리고 저 멀리
한라산까지 한눈에 내다보이는 풍광은 아직도 눈에

어른거린다. 나지막한 언덕 위 소망전망대에서 제주
섬 반대편을 바라보면 수평선 위에 최남단 섬 마라도가
두둥실 떠 있다. 저 멀리 버들강아지가 흔들리는 너른
들판 너머로 분홍색 우산을 쓴 사람이 걸어가는 모습이
그림엽서 속 풍경 같았다.

모슬포 성당

대정지역 최초의 성당인 〈모슬포성당〉. 6·25전쟁 당시
중공군 포로들이 지은 성당 〈사랑의 집〉이 남아 있어
역사의 현장을 살펴볼 수 있는 곳이다. 돌로 쌓은 단층
건물이 본당 건물 뒤편에 자리 잡고 있다. 이 건물이
1954년 세워진 성당이다. 현재 성당 건물은 1958년

완공된 두 번째 건물을 2008년에 리모델링 한 것이라고
한다. 서귀포 모슬포의 파란 하늘 아래 서 있는 성당의
모습이 고즈넉하다.

제스토리

제스토리를 처음 만난 것은 제주 한달살이를 할 때였다.
법환포구 앞에서 기념품점이 있어 그저 그런 관광지
기념품 가게라고 생각하고 무심히 지나쳤다. 젊은
사람들이 들락거리는 걸 보면서도 굳이 들어가 볼
생각은 하지 않았다. 나중에 동생들과 조카가 그곳에
기념품을 사러 들렀고, 아주 예쁜 기념품 가게라는
소리를 들었다.

얼마 후 후배로부터 제스토리 유용기 사장의 '스토리'를
듣게 되었고, 기회가 되면 꼭 만나보고 싶다고 생각하고
있던 참에 추석 연휴 기간 중 제주를 방문하면서 유
사장을 만나게 되었다.

광고기획사 출신의 유 사장은 지역 작가들과 직접
소통하며 핸드메이드 소품을 만들어내고 있었다.
작가들의 작품에 기획자의 아이디어를 입혀, 스토리가
있는 핸드메이드 소품을 만드는 것이다. 어디서도 볼 수
없는 제주 감성의 소품이 여기서 태어나고 있었다. 제주
스토리가 담긴 테디베어, 폐해녀복을 활용한 기념품 등

재밌는 제주 이야기가 담긴 수천 종의 소품을 만날 수
있다.

무거운 나를 버리고 여행의 목적을 바로 잡아
여행의 힘을 온전히 누리는데 더없이 좋은
길잡이가 되어줄 것입니다.
여행 떠나기 전 꼭! 읽어 보시길 추천드립니다.

무거운 나를 위한
스무 가지 질문 여행

가벼워져서
돌아올게요

송수연 지음